U0269771

中国小水电
可持续发展理论与实务研究

主　编　乔海娟　张丛林
副主编　董磊华　欧传奇　杨威杉　段永刚

中国水利水电出版社
www.waterpub.com.cn
·北京·

内 容 提 要

　　本书全面回顾了中国小水电的发展历程，总结了小水电的发展模式与成功经验，并尝试从电站、国家和国际三个层面对中国小水电开展研究，主要包括中国小水电的历史发展与成就、中国省域小水电发展水平的时空演变规律研究、中国小水电安全生产标准化、中国绿色小水电的发展、中国小水电发展的科技支撑、中国小水电参与"一带一路"倡议等内容。

　　本书可供农村水电行业有关管理部门，科研、设计、施工等单位和大专院校作为研究资料，也可供农村水电行业广大管理干部、科技工作者和技术人员借鉴参考。

图书在版编目（CIP）数据

中国小水电可持续发展理论与实务研究 / 乔海娟，
张丛林主编. —— 北京 ：中国水利水电出版社，2020.8
ISBN 978-7-5170-8855-4

Ⅰ．①中… Ⅱ．①乔… ②张… Ⅲ．①水力发电站－
可持续性发展－研究－中国 Ⅳ．①F426.61

中国版本图书馆CIP数据核字(2020)第171302号

审图号：GS（2020）2675 号

书　　名	中国小水电可持续发展理论与实务研究 ZHONGGUO XIAO SHUIDIAN KECHIXU FAZHAN LILUN YU SHIWU YANJIU	
作　　者	主　编　乔海娟　张丛林 副主编　董磊华　欧传奇　杨威杉　段永刚	
出版发行	中国水利水电出版社 （北京市海淀区玉渊潭南路1号D座　100038） 网址：www.waterpub.com.cn E-mail：sales@waterpub.com.cn 电话：(010) 68367658（营销中心）	
经　　售	北京科水图书销售中心（零售） 电话：(010) 88383994、63202643、68545874 全国各地新华书店和相关出版物销售网点	
排　　版	中国水利水电出版社微机排版中心	
印　　刷	清淞永业（天津）印刷有限公司	
规　　格	170mm×240mm　16开本　10.5印张　206千字	
版　　次	2020年8月第1版　2020年8月第1次印刷	
印　　数	001—800册	
定　　价	**58.00元**	

本书编写人员名单

主　编：乔海娟（水利部农村电气化研究所）
　　　　张丛林（中国科学院科技战略咨询研究院）

副主编：董磊华（中国电建集团北京勘测设计研究院有限公司）
　　　　欧传奇（国际小水电中心）
　　　　杨威杉（生态环境部环境规划院）
　　　　段永刚（浙江水利水电学院水利与环境工程学院）

参　编：（按姓氏笔画排序）
　　　　王军强（水利部农村电气化研究所）
　　　　龙　岩（河北工程大学）
　　　　杨　树（中国港湾工程有限责任公司）
　　　　吴　贲（江苏省招标投标办公室）
　　　　张　军（水利部农村电气化研究所）
　　　　陈伟毅（杭州市城市规划设计研究院）
　　　　郑施涵（浙江工业大学）
　　　　徐　伟（沈阳农业大学）
　　　　黄　洲（湖州市城市投资发展集团有限公司）
　　　　黄　飞（中国电建集团北京勘测设计研究院有限公司）
　　　　彭常青（浙江省水利水电勘测设计院）

序一

　　小水电是一种国际公认的清洁可再生能源，其资源分布点多、面广、量大，具有开发技术成熟、淹没和移民少、环境影响可控、投资效益较高、电力供给可靠、运行维护简便等明显优势。对于边远贫困地区，开发应用小水电是发展当地经济、增加属地就业、实现本地解困扶贫、保障能源安全的理想解决方案。因此，一直以来，联合国开发计划署、联合国工业发展组织、全球环境基金等国际组织和国际机构始终大力鼓励和支持小水电绿色开发，以促进世界经济、社会和环境的包容可持续发展。

　　新中国成立 70 年来，中国小水电得到了长足发展，总装机容量从 1949 年的 36.34 万 kW 发展到 2018 年的 8043.5 万 kW，增加了220 多倍，为中国农村经济社会发展发挥了巨大推动作用。同时，中国小水电行业在河流规划、电站设计、工程施工、设备制造、运行维护等各方面积累了丰富的实践经验，并通过国际小水电中心、亚太地区小水电研究培训中心等国际交流与合作平台，为世界小水电发展提供了中国方案、贡献了中国智慧，被誉为"南南合作的典范"。

　　该书介绍了中国小水电发展历程和发展经验，探讨了中国小水电省域发展水平评价方法、"一带一路"沿线国家小水电可持续性评价体系等理论问题，分析了中国小水电安全生产标准化创建、小水电绿色发展举措等实务经验和实践案例，提出了中国小水电科技发展思路和发展理念以及参与"一带一路"倡议的政策建议等。该书内容涉猎面广、知识量大，在理论和实用上具有较大的参考价值，可为发展中国家的小水电开发提供经验借鉴。同时，该书的出版有利于促进国内外小水电同行加深相互了解、加强交流合作。特为之作序。

联合国工发组织国际小水电中心主任、党委书记：

2019 年 8 月

水电作为当今世界技术最成熟、开发最经济、调度最灵活的清洁绿色能源，在全球能源供应体系中发挥着重要作用。小水电因其投资较少、工程规模较小、维护运营简单、适合农村和偏远地区分散开发而备受国际环保组织和众多发展中国家的青睐。

中国至今已有百余年的小水电开发史，尤其是新中国成立以来，在中央政府的支持和倡导下，中国小水电实现了大规模快速发展，且通过积累经验，逐渐走出了一条极具中国特色的小水电发展之路。

在国际方面，中国逐步在小水电的技术出口、劳务、机电设备等方面实现了"走出去"，逐步培育了小水电开发的国际市场。与此同时，在"一带一路"倡议的推动下，中国小水电更为积极主动地参与国际小水电开发，尤其是参与小水电国际标准和规范的制定，极大地提升了自身的国际话语权，并在全球应对气候变化、减贫等方面发挥了积极的影响。

该书总结了中国小水电发展的历史与经验，同时在中国省域小水电发展水平的时空演变规律、小水电绿色发展及科技支撑等方面进行了有益的探索。希望该书能为中国小水电从业人员提供一定的借鉴。特为之作序。

河北工程大学副校长：

2019 年 6 月

序三

中国小水电从云南石龙坝水电站起步至今，已经走过了百条年历程。新中国成立70年来，在中央政府的倡导和支持下，得到了大规模快速发展，积累了丰富的经验，走出了一条中国特色的小水电发展之路。

截至2018年年底，全国共有小水电站46515座，农村水电总装机容量达到8043.5万kW，占全国水电总装机容量的22.8%，占全球小水电总装机容量的51%。

小水电的发展，在国家电网尚未覆盖全国之前的相当长的历史时期中，对边远山区农村电气化和地方经济发展以及消除贫困等方面起了不可忽视的作用，得到了国际社会的高度评价和广泛赞扬。在小水电国际交流、合作和培训方面，也取得了杰出成绩，被联合国有关机构誉为"南南合作的典范"。近年来，在绿色开发方式，保护和促进生态环境方面也取得了明显的效果。对这些丰富的经验，国内已经有大量著作和文集进行了总结和研究，形成了丰富的小水电资料库。

该书在此基础上进一步总结了中国小水电发展的全过程和取得的成就与经验，并对一些理论问题进行了探索，包括绿色发展问题、科技支撑问题，以及如何结合"一带一路"走出去的问题，特别是用数学模型量化省域小水电发展水平综合评价，在小水电发展的理论研究方面迈出了创新性的一步，令人耳目一新。量化计算小水电的社会、经济、生态效益的问题是多年来的热议课题，长期没有解决，该书在这方面的探索可能为解决这些问题闯出一条可行的路子。

该书作者勇于探索，大胆创新的学术研究风格值得鼓励，希冀能够引发小水电发展理论研究多元化、数字化的学术氛围。

因此，推出这本书很有意义，乐于为之作序。

水利部农村电气化研究所终身名誉所长：朱效章

2019 年 6 月

前言

继 2018 年我们迎来改革开放 40 周年后，2019 年我们又隆重迎来了新中国成立 70 周年华诞。伴随着新中国的建设发展和改革开放，我国的小水电事业走过了极不平凡的 70 年，在历经艰难险阻的同时也取得了辉煌瞩目的成就。为保存我国小水电发展的珍贵史料，总结过去的大量经验教训并探索未来的发展方向，我们编写了《中国小水电可持续发展理论与实务研究》一书。

全书共分 7 章，第一章"中国小水电的历史发展与成就"简要介绍了中国小水电的发展历程与成就，对中国小水电的发展模式与经验进行了总结；第二章"中国省域小水电发展水平的时空演变规律研究"针对中国农村水电的省域发展水平评价及其空间格局演变等问题从综合、可持续的角度来开展研究，分析中国农村水电发展水平的空间分布特征，对其发展格局进行划分，探寻其演化过程及原因，并对中国省域小水电发展趋势进行了预判；第三章"中国小水电安全生产标准化"就中国小水电安全生产标准化的发展进行了介绍；第四章"中国绿色小水电的发展"对中国小水电绿色发展理念进行了阐述，并对绿色水电评价的标准及案例进行了说明；第五章"中国小水电发展的科技支撑"阐述了中国小水电科技发展的总体历程与存在的问题，并提出未来中国小水电科技发展的总体方向与科技发展路线图；第六章"中国小水电参与'一带一路'倡议"通过构建数学模型，明确未来中国小水电行业优先参与"一带一路"倡议的重点区域；第七章"结论与展望"总结了中国小水电发展的特征及发展方向。

本书数据除特殊说明外，均不包含我国香港特别行政区、澳门特别行政区和台湾省的数据。《中国小水电可持续发展理论与实务研究》夹叙夹议，有史有论，力求真实反映中国小水电发展的整体全貌。在本书付梓之际，谨向长期支持我国小水电发展的各界人士，致以真诚的谢意！本书由于历史跨度较大，专业性较强，涉及内容广泛，地域特色不一，加之编者水平有限，难免有不妥之处，热忱欢迎广大读者对本书提出宝贵意见和建议。

编者

2019 年 12 月

目录

中国小水电的历史发展与成就

  小水电是指利用河川水能发电且其发电装机规模在水利水电工程分等中属于低等别的小规模水力发电站。在中国，小水电的装机容量界限还与农村经济的发展和农村用电水平有关，甚至还把与小水电站有关的农村电网统称为小水电，故在中国，小水电又称为农村水电。随着全国小水电装机容量的不断增加，各个时期的分等标准也不相同。目前中国定义单站装机容量 50MW 及以下为小水电。小水电作为国际公认的清洁可再生能源，是产出投入比相对较高的能源，其水库水电站的能源回报率通常为 205～280，径流式水电站为 170～267，而风能、生物质能和太阳能的产出投入比分别仅为 18～34、3.5 和 3～6（Luc Gagnon et al.，2002）。小水电站工程淹没影响范围和移民问题相对较小，对生态环境影响可控，建成后运营、维护较为简单，既可独立运行，也易接入主干电网，产出投入比相对较高。小水电作为分布式电源，对于具有丰富水能资源且短期内无法接入主干电网的农村和偏远地区，无疑是提供生产生活用电、减少穷困、优化能源结构、保护生态环境、降低碳排放的重要选项。

第一节　中国小水电的发展历程

一、小水电资源发展现状

  中国的小水电资源总量居世界第一位，据初步统计，全国总的水能理论蕴藏量为 6.7 亿 kW，约占世界总量的 1/6。其中，技术可开发量约为 5.42 亿 kW，小水电技术可开发量约为 1.28 亿 kW。大陆地区小水电资源点多面广、星罗棋布，遍及 31 个省（自治区、直辖市）的 1715 个县（市、区）。

  截至 2018 年年底，全国共有农村水电站 46515 座，小水电装机容量为 8043.5 万 kW（图 1-1），占全国水电总装机容量的 22.8%，占全国电力总装机容量的 4.2%；年发电量为 2345.6 亿 kW·h，占全国年总发电量的 3.3%；农村水电装机容量占全国农村水能资源技术可开发量的 62.8%，农村水电年发电量占农村水能资源技术可开发量的 43.8%，开发率较高的省级行政区主要集中在我国东部、东南沿海和中部地区（水利部，2018）。

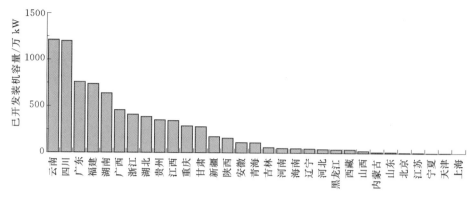

图1-1　2018年中国各省级行政区已开发小水电装机容量（单位：万 kW）

二、中国小水电发展历程

任何事物的发展都不是一蹴而就的，中国小水电的发展也是如此。根据不同时期水电的发展规模、技术水平及发展理念，我国小水电大致可分为五个发展阶段，见表1-1。

表1-1　　　　　　　　　　中国小水电发展阶段划分

阶 段 分 布	阶 段 特 征
第一阶段（1949 年以前）	处于萌芽阶段，整体水平落后
第二阶段（1949—1979 年）	逐渐步入正轨，发展进步明显
第三阶段（1980—1999 年）	发展迅猛，步入农村电气化时代
第四阶段（2000—2010 年）	呈现融资多样化，整体平稳发展
第五阶段（2010 年以后）	强调水电绿色转型，综合协调发展

（一）第一阶段：萌芽时期（1949 年以前）

中国是世界上最早利用水力的国家之一。早在西汉王朝后期，中国就有了水力舂米的记载。但在近代，中国的水力发电技术却已然落后于世界，一些发达国家早在 19 世纪 80 年代就已开始利用水力发电。但我国直到 1910 年，由云南民间资本集资兴建的石龙坝水电站开工建设，才正式开创了中国人自行施工建设水电站的历史，如图1-2所示。

石龙坝水电站初始装机容量 480kW，电站建设按国际招投标程序进行，工程设计方面聘请了两名德国工程技术人员进行设计和工程指导；施工方面，机电设备由德国福伊特和西门子公司制造，拦水坝、引水渠、发电厂房等水工建筑物由中国人自行施工。整个工程由云南省一些爱国的民族资本家及积极分

图 1-2　石龙坝水电站内景

子进行建设和运行，工程还同步建成了当时我国电压等级最高（23kV）、线路最长（34km）的输变电线路，是真正意义上中国第一座水电站。经过数十年的发展，先后建成 4 个发电车间，装机数量最多达 9 台（1958 年），总装机容量 8920kW，为促进和推动云南经济、社会、文化发展做出了重要贡献。石龙坝水电站的正式建成开启了中国水电事业艰难而辉煌的征程。

　　1923 年，四川泸县附近的洞窝水电站正式开工建设，并于 1925 年建成发电。该水电站最初安装了 1 台 175kW 的水轮发电机组，继而兴建了蓄水库并同时增装第 2 台 300kW 机组，1943 年改建为 2 台 500kW 机组，至今仍在运行，是中国第一个自行设计施工的小水电站（《中国水利百科全书》编辑委员会，2006）。

　　1913 年，西藏十三世达赖喇嘛派人赴英国学习水力发电技术，并在 1923 年于印度订购了 2 台 125kW 的水轮发电机组运回西藏，经现场勘测后选择拉萨北郊的夺底沟站址修建水电站，该电站于 1928 年建成发电。因电站设备质量低劣且管理不善，于 1944 年停止运行。1951 年西藏和平解放后，随着现代电力工业逐渐发展壮大，人民政府于 1955 年重建了夺底沟水电站，且装机容量增至 660kW。

　　这一阶段，我国小水电总体呈现"电站数量很少、装机容量极低、施工较为简易"的特点，大部分小水电设施依靠国外进口，国内尚未掌握小水电的核心技术，发展水平与同时期欧美国家相比处于相对原始状态，中国小水电的发展艰难起步。

　　（二）第二阶段：发展快速上升期（1949—1979 年）

　　新中国成立后，百废待兴，水电经济也和其他行业经济一样迎来了快速发展的新时代。中国共产党的领导和社会主义制度的确立为我国小水电发展奠定了政治基础。

1. 小水电数个"第一批"的诞生

早在 20 世纪 50 年代制定的《全国农业发展纲要》就已经提出："凡是能够发电的水利工程，应当尽可能地同时进行中小型的水电建设，以逐步解决农村用电要求。"1950 年 8 月，燃料工业部在北京召开了第一次全国水力发电工程会议，朱德总司令亲临大会并作了重要指示，强调了水电建设的重要性，提出了大、中、小结合的建设方针。会议在分析当时水电事业现状的基础上提出了有计划、有步骤地发展中国水电事业的方针任务，并作出决议报告政务院。1953 年，水利部设置了小水电的专管机构。1955 年 1 月，全国水利会议在北京召开，会议提出积极试办小型水电站，并就试办小水电提出了具体要求。1958 年，水利部在四川崇庆、福建永春、山西洪洞举办了三个小水电训练班，学习有关政策和水工、水机、电气技术，为全国培训了第一批建设小水电的力量。同年 8 月，全国第一次农村小水电会议在天津召开，提出了"以小型为主，生产为主，社办为主"的建设方针，并提倡有条件的省先抓 5 个县和 100 个社的农村初步电气化。截至 1960 年年底，全国共建成小水电站 8975 座，总装机容量 252MW。

2. 小水电"因地制宜，稳步发展"

1960 年 2 月，水电部在北京召开了全国电力工业会议，刘澜波副部长在报告中提出了"水火并举，因地制宜""大、中、小并举，因时因地制宜"的方针。同年 3 月，毛泽东主席亲临浙江金华双龙水电站（装机容量 512kW）视察，指示"浙江水利资源丰富，搞水电大有前途"。1963 年 2 月，国务院农林办公室同意水电部成立农村电气化局。1963—1965 年，国家安排投资计划 2.4 亿元，提出了"以商品粮基地为重点，以排灌用电为中心，以电网供电为主，电网和农村小型电站并举"的农村电气化发展方针。在此期间，我国小水电得到了稳定的发展。

3. 小水电"不畏挫折，砥砺前行"

1969 年 10 月，在福建永春召开的全国小水电现场会推介了永春县自力更生兴建小水电站的经验。会后及时制定了一系列扶持政策，包括在建设上发动县、社、队三级办电，实行"谁建、谁管、归谁所有"的政策；规划上提出了"从山区到平原，从网外到网内，充分利用当地水力资源兴建小水电，实行"治水办电相结合"的办法；资金上实行"以电养电"政策，并由国家补助 20%；在主机设备供货方面，取消国家统配，实行各省自产留用、国家补助主要原材料的办法；在管理体制上实行"建设和管理统一""发电和供电统一"，以保护各级办电者的利益；同时，还制定了保护小水电供电区的并网办法（童建栋，2006）。

此后，我国遭遇了"文革"，使得小水电事业发展受到巨大挫折，小水电管理体制混乱，经常未经设计就直接盲目施工，使得我国在短时间内建成了大量良莠不齐的小水电站，其中很多给当地生态环境造成了严重的破坏。当"文革"进入尾声时，人们逐渐开始反思并总结小水电建设的部分经验教训。

1975年7月，国务院印发《关于加快发展电力工业的通知》，明确电力工业执行"水火并举，大、中、小并举"的方针，要求提高水电比重，在加快大型水电建设的同时，必须依靠群众兴办中小型水电站。70年代出台的这些政策极大地调动了地方、群众的办电积极性，使小水电有了较大的发展。70年代的小水电装机容量定义范围上升至12MW，且年均装机容量达580MW，小水电行业在挫折中依旧砥砺前行。

这一阶段，我国的小水电事业得到快速发展，实现了诸多"第一次"的跨越。同时，国家总结了大量的经验教训，从一些挫折与失败中提炼出了新的思想，小水电装机容量占全国能源的比重不断提高，这些都为改革开放后小水电建设的全速推进打下了坚实的基础。

（三）第三阶段：农村电气化发展期（1980—1999年）

经历了改革开放之前小水电的快速发展，中国小水电的建设工作已经有了坚实的基础。随着改革开放的到来，实施农村电气化已成为促进农村经济社会发展、提高农民收入的重要抓手。此阶段，我国政府对农村电气化事业高度重视，在政策、资金、管理和基础建设等方面给予了大力支持，对农村电气化事业的健康、稳步发展起到关键性的作用。

1. 推进农村初级电气化工作

20世纪80年代，小水电开发正式被纳入国家农村电气化建设计划。党的十一届三中全会提出了以经济建设为中心的方针并把农业和能源建设列为发展重点。在此形势下，1982年3月，党中央、国务院决定将水利部和电力工业部合并成立水利电力部，内设农村电气化司，并于同年11月提出在小水电资源丰富的地区首先建设100个具有中国特色的初级电气化试点县的计划，并立即获得了四川省的积极响应。计划提出后不久，水利部与四川省人民政府为贯彻落实党中央发展小水电的指示精神，联合发出了《关于积极发展四川省小水电的若干规定的通知》，指出："发展小水电直接关系到农业和能源两个战略重点，必须予以足够重视，必须坚持大中小并举和国家办电与地方办电相结合的方针，小水电要贯彻执行'自建、自管、自用'的方针和'以电养电'的政策，调动各级办电的积极性。"在四川试点推行的新政策极大地鼓舞了地方发展小水电的热情，推进了建设农村初级电气化县计划的实施。

1983年10月，水利电力部在北京召开了准备建设中国式农村电气化试点县的座谈会。同年 12 月，国务院批转水利电力部《关于积极发展小水电建设中国式农村电气化试点县的报告》的通知，批准了在 100 个县实施中国式农村电气化试点建设，以开发小水电为主要内容的农村初级电气化试点建设正式启动，掀起了小水电发展的新高潮。国务院以国发〔1983〕190 号、国发〔1991〕17 号和国办通〔1996〕2 号文件，部署在"七五""八五"和"九五"期间分别建设 100 个、200 个和 300 个农村初级电气化县（水利部农村水电及电气化发展局，2009）。经过几年的努力，到 1988 年年底已有 48 个县提前达到标准、验收合格。到 1990 年年底，第一批共 109 个县通过验收达到了农村初级电气化县的标准，超额完成了任务，这些县 96％的农户用上了电，人均年用电量超过 200kW·h，标志着中国以小水电为主实现农村初级电气化的试点工作取得了成功（童建栋，2006）。

随着电气化县建设工作的推进，水电站单站容量不断扩大，骨干小水电站越来越多，装机容量由 12MW 上升至 25MW。到 1988 年年底，全国小水电装机容量达到 11790MW，年发电量 316 亿 kW·h，全国有 717 个县主要靠小水电供电。

1991 年 3 月，国务院批准水利部《关于建设第二批农村水电初级电气化县的请示》，决定在"八五"期间全国再建设 200 个农村水电初级电气化县；同年 11 月，党的十三届八中全会上，加强农村水电及初级电气化建设工作被列入《中共中央关于进一步加强农业和农村工作的决定》；1992 年 12 月，国家计委决定将小水电"以电养电"政策扩大到装机容量 5 万 kW；1994 年 9 月，吉林省第八届人大常委会第十二次会议通过《吉林省地方水电管理条例》，成为全国第一部小水电管理的地方性法规。

2. 小水电国际化培训工作迅速开展

1981 年，在水利部的组织与协调下，水利部农村电气化研究所（亚太地区小水电研究培训中心）正式成立，该所为我国唯一的致力于农村水电及电气化发展研究和服务的专业研究所，同时也是我国政府和联合国开发计划署（UNDP）及联合国工业发展组织（UNIDO）合作成立的国际区域性组织，是我国小水电对外合作的窗口。

步入 90 年代后，随着我国小水电行业国际影响力的逐步提高，1994 年 12 月，联合国开发计划署等 3 个联合国组织与中国水利部、对外经济贸易部共同组建联合国国际小水电中心，总部设在中国杭州。该组织在联合国工业发展组织理事会第 19 次大会上被批准授予咨询地位，这极大地提升了中国小水电行业的国际话语权。

3. 加快农村小水电推广工作

1995 年 12 月颁布的《中华人民共和国电力法》规定："国家提倡农村开

发水能资源，建设中、小型水电站，促进农村电气化。国家对农村电气化实行优惠政策，对少数民族地区、边远地区和贫困地区的农村电力建设给予重点扶持。"1996年5月，国家计委和水利部在北京联合召开全国农村水电暨第三批农村水电初级电气化县建设工作会议，进一步强调了推广农村小水电以及普及水电发展的重要意义。

在整个90年代，小水电在发展规模、经营管理、科技进步和方针政策等方面都取得了长足进步，具体表现在：重点开发中小型骨干电站，装机容量定义由25MW提高至50MW，并在完善各县小电网的基础上开始发展跨县的区域电网；电网的电压等级普遍由35kV升为110kV，有的区域电网还兴建了220kV输变电工程；截至1996年年底，全国共有小水电站45174座，装机容量1920.1kW，年发电量达到620亿kW·h；全国建有小水电站的县共有1576个，其中占全国国土面积48%的754个县的约3亿人口主要靠小水电站供电，小水电对于促进中国农村发展发挥了举足轻重的作用。

4. 实行股份制、集团化改革

为贯彻党的十四届三中全会《中共中央关于建立社会主义市场经济体制若干问题的决定》，1997年，水利部第103次党组会议在听取了水电及农村电气化司关于"水利系统水电改革与发展思路"的汇报后，以办水电〔1997〕95号文件印发《水利系统水电改革与发展思路》，提出实行股份制、集团化改革，通过资产优化重组的企业组织结构调整，建立现代企业制度，促进水利水电事业快速健康发展。至2000年年底，全国小水电行业共有2.2万个独立核算企事业单位，其中有一半以上实行了公司制、股份制、股份合作制改造，几百个企事业单位实施了股份制集团化改革。

5. 推行"两改一同价"工作

1999年1月4日，《国务院批转国家经贸委关于加快农村电力体制改革加强农村电力管理意见的通知》（国发〔1999〕2号）指出："正确处理好政府与电力企业的关系，中央电力企业与地方电力企业的利益关系，电力企业与农民的利益关系。"同时指出，必须要抓好水电行业的农电体制改革和农网改造工作。

1999年2月，水利部在成都召开全国水利系统农电体制改革会议，全面贯彻落实国务院2号文件，研究部署全国水利系统农电"两改一同价"、农村水电初级电气化县建设和小水电行业管理工作。1999年3月，水利部提出《贯彻落实国务院批转国家经贸委〈关于加快农村电力体制改革加强农村电力管理意见的通知〉的实施意见》，突出强调自发自供自管县（或地区）的电力企业，是地方独立配电公司，参加配电端的改革，要按照国务院2号文件明确规定的职责，切实抓好水利系统农电体制改革和农网改造，结合"两改一同价"工作，加快农村水电初级电气化县建设。

截至 2000 年年底，全国共建成小水电站 4.8 万座，装机容量 2485 万 kW，占全国水电总装机容量的 32.4%；年发电量 800 亿 kW·h，占全国水电总发电量的 36.2%。建成 800 个县电网和 40 多个跨县地区性电网，高低压线路 100 多万 km，共建成农村水电初级电气化县 653 个。小水电建设为改善农村、农业和农民的生产生活条件，促进贫困地区地方经济发展做出了重要贡献（水利部农村水电及电气化发展局，2009）

这一阶段，中国正式迈入了农村电气化时代。随着经济社会的发展，各行各业的用电需求大幅增加，国家适时出台了诸多惠及农村小水电的政策，进一步推广了农村小水电的发展；同时实行股份制、集团化改革以及推行"两改一同价"，使得我国的水利水电事业更加蓬勃健康地发展，对实现农民人均纯收入 5 年翻一番、10 年翻两番起到了较大的支撑作用，这些都直观地体现出发展小水电带来的经济效益，使得建设农村电气化工程被人民群众誉为"长期持续实施的覆盖面最广、工作最扎实、成效最显著的扶贫工程、光明工程和鱼水工程"，较好地解决了发展中国家共同面临的农村能源、生态环境和消除贫困的问题，得到了地方政府和人民群众的热烈拥护和支持。与此同时，在杭州成立的亚太地区小水电研究培训中心及国际小水电中心，为各国培养小水电技术人才以及"南南合作"等工作的开展提供了有力支撑，极大地提高了中国小水电行业的国际影响力，也得到了国际社会的高度赞誉。

（四）第四阶段：稳步发展期（2000—2010 年）

进入 21 世纪，中国小水电的发展进入了第四阶段。在 21 世纪的第一个十年中，以贯彻落实党的十五大、十六大、十七大精神和党中央、国务院关于加强"三农"工作的一系列文件为标志，小水电及农村电气化事业的改革发展进入新阶段，小水电从以往追求经济效益为主到如今越来越多地兼顾生态环境效益，逐渐向绿色、生态及环保方向转型，小水电发展步入鼎盛时期。

1. 大力推进水电农村电气化建设

加快农村电气化建设，是实现农业和农村现代化的重要条件。经水利部、国家计委、财政部三部委申报，2001 年 10 月，国务院批准"十五"期间全国建成 400 个水电农村电气化县。

2001 年 11 月，全国农村水电暨"十五"水电农村电气化县建设工作会议在北京人民大会堂举行，汪恕诚部长作了题为"抓住机遇，深化改革，扎实工作，开创农村水电及电气化工作新局面"的讲话，强调要按照电力工业体制改革的方向，加快农村水电及电气化事业的改革与发展。水利部副部长陈雷作了题为"大力发展农村水电，实现水电农村电气化"的报告，提出了"十五"水电及农村电气化建设总的目标、任务和要求。

2004 年 1 月，《中共中央　国务院关于促进农民增加收入若干政策的意见》（中发〔2004〕1 号）要求，包括对农村水电在内的"六小工程"，要进一步增加投资规模，夯实建设内容，扩大建设范围。至 2005 年年底，全国共建成 409 个水电农村电气化县，超额完成了国务院部署的建设任务。"十五"水电农村电气化县建设新增小水电装机容量 1060 万 kW，平均每县新增装机容量 2.6 万 kW；村、户通电率分别达到 99.37% 和 98.79%；全国人均年用电量达到 644kW·h，5 年增长 12.1%；人均年纯收入增加 592 元，年均增收 118.4 元，小水电贡献率达 23.1%。建成的电气化县中，80% 以上位于老少边穷地区，通过将治水和办电相结合的方式为这 409 个县的 GDP 年增长率达到 15% 提供了有力支撑（陈雷，2009）。

根据农村经济社会发展需要，2006 年又启动了"十一五"更高标准的 400 个水电新农村电气化县建设，经过多年发展，农村水电已成为我国农村经济社会发展的重要基础设施、山区生态建设和环境保护的重要手段。"十一五"期间，小水电新增装机容量突破 2000 万 kW，2010 年年末总装机容量达到 5900 多万 kW；年发电量由 2006 年的 1361 亿 kW·h 增加到 2010 年年末的 2044 亿 kW·h。5 年累计解决了 88 万无电人口用电问题，户通电率由 2005 年的 98.7% 提高到 2010 年的 99.75%。

2. 大力推进小水电代燃料工程建设

根据 2000 年全国农村生活能源使用情况的调查结果，我国农民生活消费的能源总量为 3.7 亿 t 标准煤，其中秸秆占 33.41%，煤炭占 31.90%，薪柴占 21.76%，而电力仅占 9.31%，如图 1-3 所示。

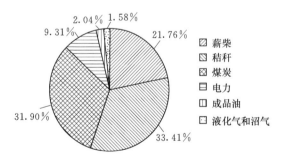

图 1-3　2000 年我国农民能源消费结构

2000 年，全国农村居民年消耗薪柴为 1.41 亿 t，若按每 750kg 折合 1m³ 木材计算，约需消耗 1.88 亿 m³ 木材。因生物质能利用效率低下，为满足生活和农副产品加工的需要，农民往往被迫采取乱砍滥伐等手段，以获取燃料。森林植被的破坏，加剧了水土流失、洪水泛滥和土地的荒漠化，这不仅助推了中西部地区生态恶化和长期贫困落后，而且对东部地区的防洪减灾、生态安全和社会经济发展构成了威胁。

（1）小水电代燃料工程的提出。2001年，国务院指出，保护和改善生态环境，已到了刻不容缓的地步……大力发展小水电、沼气等，解决农民的燃料和农村能源。把退耕还林和调整产业结构紧密结合，保证退得下、稳得住、能致富、不反弹……要通过发展小水电、沼气等解决农民的燃料和农村能源问题，防止滥伐山林，保护退耕还林成果。

为贯彻落实国务院重要指示精神，水利部组织有关领导、专家和技术人员赴湖南、四川、安徽、重庆、云南、贵州等10个省级行政区进行专题调研，走访农业部、国家林业局和国家计委能源研究院，组织开展《小水电代燃料生态工程规划》编制工作。国家发展改革委委托中国国际工程咨询公司对《全国小水电代燃料生态工程规划》进行评估，指出："规划目标到2020年解决2830万户、1.04亿农村居民生活燃料，新增小水电代燃料装机容量2404万kW现实可行……前期工作基本就绪，具备开工条件，建议相关省级行政区尽快启动小水电代燃料试点工作的开展。"

（2）试点小水电代燃料工程。《国务院办公厅关于落实中共中央、国务院做好农业和农村工作意见有关政策措施的通知》（国办函〔2003〕15号）指出："关于启动小水电代燃料试点，由水利部牵头，会同国家发展改革委、西部开发办组织实施。"同时，国务院作出重要指示："发展农村水电，实施小水电代燃料，是改善农民生活条件、推进农村小康建设的富民工程和德政之举，是巩固退耕还林成果、保护生态环境的重要举措。"2003年12月，全国小水电代燃料试点启动仪式在四川、广西、云南、贵州和山西同时举行，主会场设在四川广安。水利部党组副书记、副部长敬正书宣布小水电代燃料试点正式启动，并决定先在小水电资源丰富、代燃料人口集中、农民代燃料需求迫切的地区，选择26个项目作为试点，共涉及5个省（自治区、直辖市）、26个县。

2005年，26个小水电代燃料试点建设取得圆满成功，20多万山区农民实现了以电代燃料，巩固退耕还林面积30万亩，保护森林面积156万亩。小水电代燃料解除了农民砍柴烧柴的辛劳，减轻了农民负担，解放了农村劳动力，增加了农民收入，大大改善了农民的生产生活条件。

（3）推广小水电代燃料工程。2005年7月，《国务院2005年工作要点》（国发〔2005〕8号）指出："完善资源开发利用补偿机制和生态环境恢复补偿机制，加快发展小水电代燃料及农村沼气。"这体现了国家大力发展小水电代燃料工程的决心。

2005—2008年，小水电代燃料试点范围扩大，涉及21个省（自治区、直辖市）和新疆生产建设兵团的81个项目，于2008年年底基本完成建设任务。

2009年1月，水利部印发《2009—2015年全国小水电代燃料工程规划》，规划 2009—2015 年拟解决 170 万户、677 万农村居民的生活燃料问题，新增代燃料装机容量 170 万 kW，保护森林面积 2390 万亩。规划总投资 141 亿元，其中中央补助投资 57 亿元，平均每年约 8 亿元，以此继续扩大小水电代燃料建设规模。

2009 年 5 月，全国农村水电工作会议在杭州召开，水利部部长作了题为《加强农村水能资源开发和管理，促进经济社会可持续发展》的重要讲话，会议明确了当前和今后一个时期农村水电工作的目标和任务。

2009 年 7 月，国家发展改革委和水利部联合印发《关于加强小水电代燃料和水电农村电气化建设与管理的通知》（发改农经〔2009〕1937 号）；同年 8 月，全国小水电代燃料工程建设现场会在吉林省长白县成功召开，标志着小水电代燃料工程正式进入全面实施阶段。

2016 年 5 月，中国人民大学发布了《中国家庭能源消费研究报告（2015）》，报告指出我国农村家庭的主要能源来源是生物质能（包括沼气、畜禽粪便、柴薪、秸秆），占能源消费总量的 61%，与 2000 年相比，我国农村能源消费结构得到了进一步的优化。2015 年我国农村能源消费结构如图 1-4 所示。

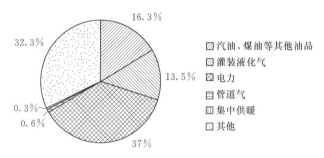

图 1-4　2015 年我国农村能源消费结构

3. 小水电融资多样化

作为农村基础设施重要组成部分的农村水电历来被国有资本占据，民营资本鲜有涉足。尽管早在 20 世纪 80 年代政府就开始鼓励个人投资小水电，但实际进入的民间资本并不多。20 世纪 90 年代以前，我国农村水电建设主要依靠中央和地方政府投资，按照规划确定建设规模。例如，在农村水电初级电气化县建设投资中，中央投资占 30% 以上，且电站均为公有制。

从 1990 年至 20 世纪末，为鼓励社会民众采用股份合作制等多种形式开发水电来解决电力供需矛盾、政府资金短缺等问题，大量民间资本进入水电领域，我国农村水电投资体制逐步进入由政府投资开发的计划模式向民间资本开发市场模式的转变。近十几年来，民营企业不同程度地参与全国农村水电建设，农村水电投资比重逐步由以中央和地方政府为主过渡到以民营企业为主，股份制电站和私营电站在年新增装机容量中比重逐年提高（李志武等，2007）。

小水电的融资渠道多样化，主要包括以下几个方面：

（1）国家财政资金。国家财政资金可以是中央、省级或县级等财政资金，投入的方式可以是无偿的，也可以项目资本金投资或银行贷款的形式投入。根据国家现行政策，财政资金一般不直接投入小水电站，但小水电工程中具有防洪、灌溉、供水功能的水库、堰坝、堤防等基础设施部分，应由财政出资建设。

另外，我国西部地区，尤其是西藏，还有部分未通电地区，国家鼓励、扶持民营资本建设水电站。在这些地区投资建设水电站，可以争取国家扶贫、西部开发等专项资金的支持，直接投入水电站的财政资金将拥有产权，而用于基础设施建设的资金，应根据具体情况协商确定水电站的产权。

（2）政府和社会资本合作模式（Public Private Partnership，PPP）。改革开放以来，随着民营资本的不断壮大，大量民间资金涌入小水电领域，有效地缓解了小水电行业资金短缺、供需矛盾等情况。在此背景下，应用 PPP 模式对拓宽小水电融资渠道，大力发展小水电意义重大。

首先，国家出台了一系列政策扶持小水电 PPP 项目。2014 年 11 月国务院印发的《国务院关于创新重点领域投融资机制鼓励社会投资的指导意见》（国发〔2014〕60 号），鼓励社会资本投资常规水电站和抽水蓄能电站。该文件进一步放开市场准入，向社会资本特别是民间资本敞开大门；2015 年 1 月，国家能源局发布《国家能源局关于鼓励社会资本投资水电站的指导意见》，意见明确提出支持和引导社会资本投资水电站项目；同年 2 月，国务院主持召开国务院常务会议，部署加快 172 项重大水利工程建设，强调要政府市场两手发力，鼓励社会资本参与重大水利工程建设。

其次，水电项目的建设对资金需求大，而目前的金融供给主要依靠政府组织和政策推进，呈现金融有效供给不足的问题。2004 年 7 月，国务院印发的《国务院关于投资体制改革的决定》要求对水电建设采取向社会公开招投标的方式，鼓励国有、民营等各类所有制企业在公开平等的基础上进行竞争，同时鼓励特许经营、BOT、PPP、参股和控股等投资方式开发水电资源；自十八届三中全会提出"允许社会资本通过特许经营等方式参与城市基础设施投资和运营"之后，中央各部委出台了一系列文件鼓励推广 PPP 模式，这些都丰富了小水电的投资结构，加快了产业的体制改革步伐。

（3）清洁发展机制（Clean Development Mechanian，CDM）。小水电作为可再生绿色能源，已成为世界各国能源和农村发展中的重点。作为一种绿色电力，一直以来备受国际环保组织、国际基金组织和国际能源环境投资公司的青眛。在以减少全球温室气体作为目标的《京都议定书》框架中，水电项目是非常重要的一类清洁发展机制项目，CDM 机制为投资省、工期短、见效快、清洁可再生的小水电项目带来了新的历史发展机遇。

水电 CDM 项目是国家鼓励开发的重点领域之一。2004 年 7 月，中国政府颁布了《清洁发展机制项目运行管理暂行办法》，将水电 CDM 项目列为国家鼓励开发的重点领域之一。目前，已在联合国 CDM 执行理事会注册的项目中，小水电占 23%，仅次于生物质能发电的 24%，排名第二位。

2005 年 12 月，湖南渔仔口小水电项目成为我国首个获得联合国 CDM 执行理事会注册的小水电清洁发展机制项目。该项目由汝城县渔仔口水电有限公司投资开发，位于湖南省汝城县淇江，总装机 $2 \times 7.5MW$，水库为季调节水库，于 2008 年开始发电，年发电量 $55350MW \cdot h$，并入广东省电网。项目共有 3 个减排计入期，每个计入期为 7 年，年减排量可达 $40480t\ CO_2$，若按每年 CO_2 的减排额为 5 万 t 计算，年减排收益为 202400 美元，折合人民币 157 万元；按上网电价 0.35 元/$(kW \cdot h)$ 计算，该项目每年售电收益 1937 万元，每年的减排收益相当于售电收益的 8.1%。

（4）坚持独立配电公司改革方向，农网改造全面完成。2002 年 2 月，国务院印发的《国务院关于印发电力体制改革方案的通知》（国发〔2002〕5 号）规定："以小水电自发自供为主的供电区，要加强电网建设，适时实行厂网分开……国家电力公司以外供电企业的资产关系维持现状……允许发电企业向较高电压等级或较大用电量的用户和配电网直接供电。"为贯彻该文件，坚持独立配电公司改革方向，为农村水电及电气化发展提供体制保障，各地的普遍做法主要有：加强电网建设，待时机成熟，在配电网内实行厂网分开，竞价上配电网；在县域范围内，大小电网相互调剂、实行分片供电；培育和完善竞争、激励机制，促进多竞争主体的分层次分区域电力市场的发育和规范运行等。

与此同时，各水利部门逐步进行农网改造，严格执行国家有关规定和技术标准，在注重改善农网结构、提高农网供电能力的同时，重视应用新技术、新设备、新工艺，提高农村电网的现代化水平。截至 2001 年年底，第一批农网改造工程结束，共覆盖全国 2400 多个县，使 1380 万无电人口获得电力供应，全国农村低压线损率普遍从改造前的 20%～30% 降到了 12% 以下，加上农村电价收费方面的大力整顿，全国农村到户电价每千瓦时平均下降了 0.13 元。全国约 50% 以上的县实现了县内居民生活用电同价，还有一些省市，如上海、江苏等，已经实现了全省（自治区、直辖市）居民生活用电同价。2002 年，第二批农村电网改造工程启动，安排资金约 1000 亿元，历时两年全面完成农村电网建设与改造任务，实现城乡用电同价。全国农村低压电网改造率达 90% 以上，全面实现城乡用电同价，农村电费进一步降低。

截至 2003 年年底，水利部第一、第二期农网改造工程全面完成；截至 2008 年，水利系统县城电网改造工程基本完成。为进一步做好农村电网升级改造工作，国家发展改革委和国家能源局相继于 2010 年、2016 年颁布《农村电网改造升级项目管理办法》和《国家发展改革委 国家能源局关于印发小城镇和中心村农网改造升级工程 2016—2017 年实施方案的通知》等相关文件，指出农网改造升级需按照"统一规划、分步实施、统筹协调、突出重点"的原则，统筹城乡发展，以满足农村经济社会发展和新农村建设需求为目标，制定农网改造升级规划，规划期为 3～5 年。

4. 强化农村水电安全监管

针对农村水电建设管理中出现的违规建设突出、安全事故频发、水事纠纷增多等问题，从 2003 年起，在全国范围内开展了违规水电站清查整改工作，清理出违规小水电站 3400 多座。例如，广东省政府整改违规水电站 380 多座，拆除了一批不符合河流规划、严重威胁公共安全的违规小水电站；湖南省组成由水行政主管部门牵头，发展改革委、经济委、工商局、安全监督局、电力监管委等五个部门参加的联合执法组，对存在重大安全隐患的水电站进行了集中整治。截至 2008 年年底，全国 75% 的违规水电站完成了整改任务，福建、湖北、重庆、贵州等 9 省（直辖市）的整改率达到 100%。其他省（自治区、直辖市）也都落实了整改措施，并加强与国家安监总局、电监会等部门的配合，组织开展重大安全事故联合督查。全国农村水电安全事故逐年减少，安全形势逐步好转。

2009 年 5 月，全国农村水电工作会议提出必须突出抓好农村水电行业管理，并从执行国家基本建设程序、开展违规水电站清查整改、加强农村水电安全生产、实施农村水电增效减排以及加强农村水电基础工作等五个方面提出了明确的工作要求。

5. 小水电行业蓬勃发展，国际影响力大幅提升

中国开发小水电、推进中国特色农村电气化，解决国际上共同关心的能源、环境和消除贫困问题的经验，得到了国际社会的高度评价，包括欧美发达国家在内的有关国家均积极推广中国发展小水电的经验。

受国家商务部、科技部以及联合国机构、东盟秘书处等单位委托，自 1983 年起，水利部农村电气化研究所（以下简称"农电所"）举办水资源管理、小水电开发、农村电气化、气候变化等相关主题的涉外培训项目，共培训了来自 113 个国家的 2000 多名学员。通过援外培训工作，该所为我国小水电的发展建立了较为全面的非洲学员信息数据库以及完善的援外培训学员后续跟踪联络机制。通过定期开展援外培训回访、邀请高级别官员回访、免费提供远程技术咨询等多种形式，不断加强培训后续跟踪与交流，以推动中国小水电与世界小水电的合作与发展。

国际小水电中心为提高我国小水电的国际影响力也做出了卓越的贡献。自成立以来，国际小水电中心一直从事公益性活动，始终坚持为社会公益服务的发展方向，借助联合国、成员国组织及地方省市等力量促进自身的发展。目前，国际小水电中心对外主要承担政府及民间组织委托的多边合作、"南南合作"以及对发展中国家的小水电援助项目。经过 20 多年的发展，为深化"南南合作"和推动中国小水电走向国际舞台进行了有益的探索和实践，成效显著。

（五）第五阶段：中国小水电绿色转型发展期（2010 年以后）

1. 小水电绿色发展

2018 年 6 月，国家审计署发布了《长江经济带生态环境保护审计结果》，这是审计署第一次对长江经济带 11 省市（包括云南省、四川省、贵州省、重庆市、湖北省、湖南省、江西省、安徽省、江苏省、浙江省、上海市）的生态环境问题进行专门的审计。公告中指出："截至 2017 年年底，10 个省累计建成小水电 2.41 万座，最小间隔仅 100m，开发强度较大；5 个省'十二五'期间新增小水电超过规划装机容量；8 个省有 930 座小水电未经环评即开工建设；6 个省在自然保护区划定后建设 78 座小水电；7 个省有 426 座已报废停运电站未拆除拦河坝等建筑物；7 个省建有生态泄流设施的 6661 座小水电中 86% 未实现生态流量在线监测；过度开发致使 333 条河流出现不同程度断流，断流河段总长度超过 1017km……"。该审计结果将小水电引入舆论关注的焦点。

早期建成的部分小水电站缺乏对河流的整体规划，受传统开发理念、技术和资金等方面的制约，导致一些流域电站布局不合理，梯级电站之间的发电流量不匹配；2003 年 9 月前建设的小水电站大部分未设计生态泄放流量，导致河流生态和下游用水受到影响；由于一些地区小水电规划、设计、建设、运行和管理存在薄弱环节，使得地区的鱼类资源以及水土资源受到了极大的破坏，甚至造成了部分河流断流，这些问题引起了社会各界的广泛关注。如何有限、有序、有偿开发利用水能资源，通过科学规划、严格监管，规避小水电粗放式开发的问题，推进绿色水电建设的工作已迫在眉睫。

（1）中央 1 号文件关注水利发展。2011 年中央 1 号文件提出："合理开发水能资源。在保护生态和农民利益前提下，加快水能资源开发利用。统筹兼顾防洪、灌溉、供水、发电、航运等功能，科学制定规划，积极发展水电，加强水能资源管理，规范开发许可，强化水电安全监管"。大力发展农村水电，包括小水电在内的水利工作被提升到了前所未有的高度，强调保护生态环境的理念也越来越受到国家层面的重视。

2011年5月，全国农村水电暨"十二五"水电新农村电气化县建设工作会议指出，"十二五"时期国家将继续加大对农村水电工作的支持力度，继续推进水电新农村电气化县建设，促进农村经济发展、农民增收和生态改善。

（2）小水电标准的制定。2015年7月，水利部发布了《绿色小水电评价标准（征求意见稿）》，规定了绿色小水电评价的基本条件、评价内容和评价方法，该标准适用于单站装机容量50MW及以下以发电为主的、已投产运行三年及以上的小型水电站（不包括抽水蓄能电站和潮汐电站）。评价内容包括环境、社会、管理和经济等四个类别。自2016年中央1号文件提出"发展绿色小水电"以来，我国统筹推进绿色小水电建设，小水电在促进流域综合治理、增强水资源调控能力、改善灌溉条件、改善农村基础设施和扶贫攻坚等方面发挥了积极作用，越来越多的小水电将水能开发与生态环境保护、防洪、灌溉、湿地建设、旅游开发等紧密结合。

2016年12月，水利部印发了《水利部关于推进绿色小水电发展的指导意见》（水电〔2016〕441号），指出发展绿色小水电是贯彻"创新、协调、绿色、开放、共享"发展理念，落实中央能源战略的迫切需要；是积极应对气候变化、维护国家生态安全的重要举措；是坚持人水和谐、推进水生态文明建设的必然选择；是加快转变小水电发展方式、实现提质增效升级的内在要求。要充分认识推进绿色小水电发展的重要性和紧迫性，将其作为一项重要的基础性工作来抓，切实增强责任感和使命感，主动适应新形势、新任务、新要求，全面落实相关政策，着力创新体制机制，推动小水电持续健康发展。明确推进绿色小水电发展的重点任务：①强化规划约束，优化开发布局；②科学设计建设，倡导绿色开发；③实施升级改造，推动生态运行；④健全监测网络，保障生态需水；⑤推动梯级协作，发挥整体效益；⑥完善技术标准，搞好示范引领；⑦加快技术攻关，推进科技创新。由此可见，小水电绿色生态转型必将成为未来的重点发展趋势。

（3）绿色小水电标准发布。2017年5月，水利部颁布了《绿色小水电评价标准》（SL 752—2017），并于同年8月正式实施。该标准诠释了绿色小水电的内涵，规定了绿色小水电评价的基本条件、评价内容和评价方法，自2012年水利部提出"民生水电、平安水电、绿色水电、和谐水电"的建设方针以来，首次统一了我国绿色小水电的评判尺度和技术要求，明确了绿色小水电站的创建目标，标志着我国绿色小水电建设步入了规范化轨道。同年6月，绿色小水电站创建工作正式拉开帷幕。按照《水利部关于开展绿色小水电站创建工作的通知》的相关要求，到2020年，我国将力争把单站装机容量10MW以上、国家重点生态功能区范围内1MW以上、中央财政资金支持过的电站创建为绿色小水电站。

（4）绿色水电站的创建。2017 年 11 月，水利部组织的全国绿色小水电建设工作现场会在浙江金华召开。会上，针对未来绿色小水电如何进一步完善和发展的问题进行探讨，并指出："小水电绿色发展的重要一环是改造运行升级，保障生态安全。小水电发展要以河流流域为单元，改造或增设无节制的泄流设施、生态机组等，保障小水电站厂坝间河道生态需水量；修建亲水性堤坝等，改善引水河段厂坝间河道内水资源条件，保障河道内水生态健康；对枯水期河流水文情势影响大的水电站，改进发电调度方式，推动季节性限制运行；对于无法修复改造的小水电站，要逐步关停或退出。还要逐步建立小水电站生态用水监测网络，通过流域梯级协作机制，全流域协同、持续保障生态需水量，不断改善河流生态。"

会议肯定了绿色小水电的发展成效，同时 3200 多条中小河流水能资源开发规划修编已经完成，为农村水电规模、布局、开发方式和生态影响评估等提供了科学依据，助推小水电增效扩容，加快修复河流生态，农村水电布局得到进一步优化。

2017 年 12 月，水利部发布了首批绿色小水电站名单，44 座水电站被推荐为 2017 年度绿色小水电站。截至目前，第二批绿色小水电站申报工作也在紧锣密鼓地开展当中。

（5）农村水电增效扩容改造。"十二五"时期，财政部、水利部开始大力推进小水电增效扩容改造，以求小水电工程社会效益及经济效益的扩大化，提出"5 年内新增农村水电装机容量 1500 万 kW，总装机容量达到 7400 万 kW"的工作目标，经过不懈的努力，有关目标均得以实现。2016 年 2 月，《财政部　水利部关于继续实施农村水电增效扩容改造的通知》（财建〔2016〕27 号）正式印发，明确"十三五"期间，中央财政支持以河流为单元继续实施农村水电增效扩容改造。通过实施河流生态修复和电站增效扩容改造，实现优化电站布局，完善河流水量生态调度和电力梯级联合调度，保障河道生态流量，修复河流生态，增加可再生能源供应，消除安全隐患，提高防洪灌溉供水能力等目标。

"十三五"期间实施的农村水电增效扩容改造，与"十二五"期间实施的农村水电增效扩容改造相比有所升级，主要体现在以下几个方面：

1）改造内容增加。在以河流为单元进行生态修复和开展梯级联合调度的前提下，对电站实施增效扩容改造。

2）实施范围扩大。从"十二五"要求的 1995 年及以前投产的电站，扩大到包括 2000 年及以前投产、可实施增效扩容改造的电站。

3）方案审批取消。财政部联合水利部组织专家对省级实施方案进行复核，不再批复省级实施方案。

4）引入第三方进行绩效评价。由省级财政、水利部门委托具备能力的第三方机构开展并编制河流绩效评价报告。

这些都体现了我国实施农村水电增效扩容改造的坚定决心。

近十年，中国小水电加快了向绿色生态水电转型的步伐，从过去只追求发电产生经济效益向如今不仅要有经济效益还要满足生态用水和景观用水需求，不断推进绿色水电的建设，农村水电布局也得到了进一步的优化。

2. 小水电"精准扶贫"

党的十八大以来，以习近平同志为核心的党中央领导集体把扶贫开发提升到关乎政治方向、根本制度和发展道路的战略位置，对扶贫工作重要性作出全新判断，对新时期扶贫开发作出全新部署和全新要求，深入实施精准扶贫，打好新一轮扶贫开发攻坚战。

我国农村水能资源分布在 1700 多个县，与广大贫困地区、少数民族地区、革命老区的分布基本一致，832 个特困县中近 80% 的县有农村水能资源，技术可开发量约 7134 万 kW，占全农村水能资源的 56%，开发率仅为 46%，开发潜力仍较大。在国务院各重点扶贫片区区域发展与扶贫攻坚规划中，农村小水电都承担了重要任务。"十二五"期间开展的水电新农村电气化和小水电代燃料工程，绝大部分在贫困县开展，832 个贫困县中 192 个县被纳入了 300 个水电新农村电气化县建设范围，198 个县开展了小水电代燃料工程建设（陈雷，2011）。这些地区经济发展落后，通过开展农村电气化建设，探索通过国家投资农村电气化建设形成的收益反哺"三农"、促进社会主义新农村建设机制，支持农村集体经济组织和贫困农民分享小水电建设成果，极大地改善了农民生产生活条件。在退耕还林地区以解决农村能源问题为切入点，开展小水电代燃料工程建设，直接降低项目区农户代燃料电价，减少农户燃料费支出，建立开发小水电资源直接帮扶贫困农民的新机制，使农民得到了实惠。农村小水电建设对于促进山区农民脱贫解困、深入推进扶贫开发工作发挥了重要作用。

2016 年 5 月，国家发展改革委、水利部联合印发《农村小水电扶贫工程试点实施方案》，拟选取部分水能资源丰富的国家级贫困县，开展农村小水电扶贫工程试点，采取将中央预算内资金投入形成的资产折股量化给贫困村和贫困户的方式，探索"国家引导、市场运作、贫困户持续受益"的扶贫模式，建立贫困户直接受益机制。这是我国首次将农村小水电纳入扶贫工程，这种全新的扶贫形式有望通过政策扶持，在全国范围内推广。

国家发展改革委印发的《全国农村经济发展"十三五"规划》和《关于支持贫困地区农林水利基础设施建设推进脱贫攻坚的指导意见》（发改农经〔2016〕537 号）也都明确提出要在贫困地区组织开展水电资源开发资产收益扶贫改革试点，探索小水电产业扶贫模式。支持贫困地区合理开发小水电，重点选取部分水能资源丰富的贫困县，研究采取"国家引导、市场运作、贫困户持股并持续受益"的扶贫模式,建立贫困户直接受益机制。

2016 年 6 月,国家发展改革委、水利部联合印发《关于下达农村小水电扶贫试点项目 2016 年中央预算内投资计划的通知》,计划在"十三五"期间建成 200 万 kW 农村小水电扶贫电站,农村小水电扶贫工程建设项目覆盖 227 个贫困县,涉及全国 16 个省(自治区、直辖市)和新疆生产建设兵团,县域面积 146.9 万 km²,总人口 7953.1 万人,农业人口 2937 万人,其中建档立卡贫困人口 1152.7 万人。工程建设实施工期拟定为 2017—2020 年。目前,各项工程正稳步推进。

3. 小水电安全生产标准化

安全生产标准化是现代安全管理手段的集成,它借鉴了质量、环境和职业健康安全管理标准化的原理和做法,具有系统性、先进性、预防性、全过程控制和持续改进的特点,具体指通过建立安全生产责任制,制定安全管理制度和操作规程,排查治理隐患和监控重大危险源,建立预防机制,规范生产行为,使各生产环节符合有关安全生产法律法规和标准规范的要求,人、机、物处于良好的生产状态,并持续改进,不断加强企业安全生产规范化建设。

近年来,随着电力体制和投融资体制改革不断深化,农村水电成为社会资本关注的热点领域,开发速度明显加快。但由于相关法规滞后、监管缺位以及一些地方招商引资心切等多方面原因,出现了一些"无立项、无设计、无监管、无验收"的"四无"水电站,安全事故和涉水纠纷明显上升,使得农村水电发展环境和社会舆论日益恶化,影响了农村水电可持续发展和社会和谐稳定。为此,国务院领导多次批示,要求农村水电发展要与农民利益、地方发展、环境保护和生态建设结合起来,规范农村水电开发,切实加强监管,维护公共安全。

为了贯彻国务院关于安全生产工作总体部署,加强水利安全生产监督管理,实现水利安全生产标准化,按照《国务院关于进一步加强企业安全生产工作的通知》(国发〔2010〕23 号)和《国务院安委会关于深入开展企业安全生产标准化建设的指导意见》(安委〔2011〕4 号)的要求,水利部决定深入开展水利行业安全生产标准化工作。2011 年 7 月,水利部印发了《水利部关于印发〈水利行业深入开展安全生产标准化建设实施方案〉的通知》(水安监〔2011〕346 号);2013 年 4 月,水利部印发了《水利部关于印发〈水利安全生产标准化评审管理暂行办法〉的通知》(水安监〔2013〕189 号),制定了《水利工程项目法人安全生产标准化评审标准(试行)》《水利工程管理单位安全生产标准化评审标准(试行)》;2013 年 9 月,水利部正式印发了《农村水电站安全生产标准化达标评级实施办法(暂行)》和《农村水电站安全生产标准化评审标准(暂行)》,同时废止《农村水电站安全管理分类及年检办法》。自此，农村水电安全生产标准化建设正式启动。

开展农村水电站安全生产标准化建设对进一步落实农村水电站企事业单位安全生产主体责任，强化安全基础管理，规范安全生产行为，促进农村水电站安全生产工作的规范化、标准化具有重要意义（刘仲民等，2015）。安全生产标准化建设是落实农村水电站安全生产主体责任的必要途径，是强化农村水电站安全生产基础工作的长效管理方法，是政府实施安全生产分类指导、分级监管的重要手段，是有效防范事故发生的重要措施。

4. 小水电信息化、智能化发展

信息化是随着时代发展各个行业转变发展的必然趋势。当前，大多行业已经开始由传统的管理和经营模式转向信息化管理、资源共享的新模式。为了适应现代化的发展，水利信息化建设就显得十分重要，而这也为大数据技术应用于水利信息化建设提供了极大的可行性。

（1）小水电大数据管理新模式。中国小水电广泛分布在全国 31 个省（自治区、直辖市），量大面广，且所处的位置大都比较偏远，农村水电站的管理难度大。随着互联网时代的来临，以及信息化、智能化概念的提出，农村水电信息化也成为发展的必然趋势。目前所提到的小水电的信息化、智能化发展主要包括两个方面：一是水电企业内部的信息化，二是全国范围内小水电信息管理平台。

水电企业的信息化运行主要指水电企业内部现代网络信息化平台建设，依托于网络平台、数据信息库、应用管理程序建设生产和管理保证系统。其目标就是建立一个信息资源收集共享，安全可靠的网络管理体系。网络信息化建设中，企业局域网的建立可以方便企业内部进行资源共享，节约时间成本和网络成本。同时依托于局域网络技术，可以延伸建立施工现场的监测系统、成本管理系统，完善水电企业内部的资源运用。

目前，中国正在构建一个全国范围内的小水电信息共享智慧平台，该平台可实时监测全国各地水电站的发电量、生态流量泄放等基本运行数据。平台统一对全国的小水电数据进行处理分析，最后得到全国小水电具体分布特点及各个电站实际运行状况等内容。这将极大地简化传统数据收集的烦琐流程，为国家进行小水电统一管理提供平台。同时，该数据中心可以与气象、地震、水文、地理信息部门的数据中心建立连接，获得所需要的公共数据资源。利用数据中心大数据的管理、存储及分析技术研发适合于农村水电信息特点的数据计算和分析方法，对这些海量数据进行分析和评判，提出相应的指导方案，通过互联网的模式为每个农村水电站提供信息服务，具体关系如图 1-5 所示（张巍等，2015）。

（2）农村水电信息化管理人员队伍建设。目前，小水电站就业岗位人员年龄、知识结构不尽合理，除国有电站尚可外，其他所有制电站的从业人员普遍

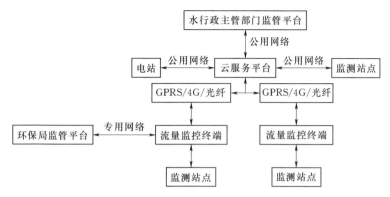

图 1-5 水电信息共享平台示意图

年龄结构老化，学历层次低，水电站运行维护专业素养较差，对水电站信息化管理更是无从谈起。因此，需加强农村水电行业从业人员在职岗位培训，提高人员专业素养，吸引较高学历年轻专业人才加入小水电行业队伍，以适应小水电信息化、智能化方向的发展。

总体来看，该阶段中国小水电由追求以扩大水能资源开发量促进经济发展，逐步转向更多考虑社会发展和生态环境保护，由片面追求量的发展逐渐转向综合协调发展。同时重点加强存量水电站的管理工作，加快推进小水电的标准化、信息化、智能化及绿色化管理转型。

第二节　中国小水电的发展模式与经验

一、中央及地方政府的大力支持，促进农村经济社会发展

20世纪70年代初，随着农村粮食供应问题的基本解决和乡镇工业的出现，中国广大农村开始由传统农业向现代化农业转变，由自给自足经济向商品化生产转变。农村商品能源的需求日益增长，电的作用越来越突出，实现农村电气化，向农村地区提供足够的电力，已经成为实现四个现代化的一个重要前提（童建栋，2006）。

然而，对于中国这样一个古老的大国来说，各地经济发展和资源条件必然是很不平衡的，要想完全依靠国家办电、依靠大电网供电实现农村电气化是不现实的，也是不经济的。因此，坚持"两条腿走路"的方针，允许小水电资源丰富的山区农村先实现电气化，用电的范围广一些，标准高一些，甚至超过城市的用电水平，这对国家、集体和个人也都是有利的。1982年，国务院决定首先在100个小水电资源丰富的县进行试点，这样，中国搞农村电气化以开发

小水电为基础，这个大方向就明确了。试点县的建设有力地促进了当地的经济发展和社会进步，得到了广大人民群众和地方政府的热烈拥护和支持。在试点成功的基础上，国务院又先后部署"八五"和"九五"分别建设 200 个和 300 个农村水电初级电气化县。可以说，党和政府的关怀、支持是小水电、电气化建设成功的关键所在。没有党和国家的政策支持，就不会有小水电、电气化建设的成功；没有各省（自治区、直辖市）政府的高度重视、各级地方政府的强力领导，各相关部门的积极支持并配合组织实施，也不会取得今日的成就。

农村水电电气化县建设，是在农村水电资源丰富的西部地区、少数民族地区、革命老区、边疆地区和特别贫困地区，结合江河治理兴水办电，既解决当地用电问题，又培育优势产业，带动关联产业，增强造血功能，形成农村社会生产力，把当地资源优势转变为经济优势，促进这些地区的经济发展和社会进步。我国开发小水电建设农村电气化县已经取得了巨大的成就，不仅增加了农民收入，加快了脱贫致富步伐，更促进了生态建设、环境保护和可持续发展。同时以电气化带动工业化和城镇化，不仅促进了经济结构调整，使这些地区的产业结构得到快速升级转换，也带来了相应的就业结构变动。可以说，经济结构的升级有利于从根本上解决制约边远山区、少数民族地区和革命老区发展的深层次问题（程回洲，2001）。电气化建设规划，不是简单地进行电源规划，也不是简单地做电网规划，而是做一个人口、资源、生态环境、扶贫、电源、电网、负荷、科技、管理、投资和筹资、领导和政策措施等各方面统筹规划、有机结合，从实际出发，符合县域经济和社会发展实际，便于具体操作实施的全面农村电气化规划。将小水电与中国式农村电气化建设紧密结合，能最大限度地服务民生，促进农村经济社会发展。

党的十八大以来，在党中央的集体领导下，"十二五"期间水电新农村电气化和小水电代燃料工程建设绝大部分在贫困县开展，832 个贫困县中 192 个县被纳入了 300 个水电新农村电气化县建设范围，198 个县开展了小水电代燃料工程建设（陈雷，2011）。2016 年 5 月，国家发展改革委、水利部联合印发《农村小水电扶贫工程试点实施方案》，拟选取部分水能资源丰富的国家级贫困县，开展农村小水电扶贫工程试点，采取将中央预算内资金投入形成的资产折股量化给贫困村和贫困户的方式，探索"国家引导、市场运作、贫困户持续受益"的扶贫模式，建立贫困户直接受益机制。这是我国首次将农村小水电纳入扶贫工程。同年 6 月，国家发展改革委、水利部联合印发《关于下达农村小水电扶贫试点项目 2016 年中央预算内投资计划的通知》，计划在"十三五"期间建成 200 万 kW 的农村小水电扶贫电站，农村小水电扶贫工程建设项目覆盖 227 个贫困县，涉及全国 16 个省（自治区、直辖市）和新疆生产建设兵团。

二、尊重人民群众的首创精神，调动各方面的积极性

任何宏伟的蓝图都是由人去描绘的，任何伟大的事业都是靠人来完成的。只有尊重人民群众的主体地位，充分发挥人民群众的首创精神，努力团结一切可以团结的力量，调动一切可以调动的积极因素，各项事业才能健康有序地开展下去。以发展小水电为例，1958 年，水利部举办了三个小水电训练班，鼓励人民群众学习有关政策和水工、水机、电气技术，为全国培训了第一批建设小水电的力量。1969 年 10 月，福建召开全国小水电现场会，会后制定了包括"谁建、谁管、归谁所有""在建设上发动县、社、队三级办电"等政策，鼓励群众积极参与水电建设。1975 年 7 月，国务院印发的《关于加快发展电力工业的通知》就提出明确电力工业执行"水火并举、大中小并举"的方针，要求提高水电比重，在加快大型水电建设的同时，必须依靠群众兴办中小型水电站。1983 年 10 月，水利电力部召开的农村电气化试点县座谈会也强调地方需发扬自力更生精神，充分调动各级办电和广大农民办电的积极性，加快农村电气化事业的发展步伐。

从 1990 年至 20 世纪末，为鼓励社会民众采用股份合作制等多种形式开发水电来解决电力供需矛盾、政府资金短缺等问题，大量民间资本进入水电领域，我国农村水电投资体制逐步进入由政府投资开发的计划模式向民间资本开发市场模式的转变。近十几年来，民营企业不同程度地参与全国农村水电建设，农村水电投资比重逐步由以中央和地方政府为主过渡到以民营企业为主，股份制电站和私营电站在年新增装机容量中的比重逐年提高（李志武等，2007）。1997 年，水利部以办水电〔1997〕95 号文印发《水利系统水电改革与发展思路》，提出实行股份制、集团化改革，通过资产优化重组的企业组织结构调整，建立现代企业制度，促进水利水电事业快速健康发展。至 2000 年年底，全国小水电行业 2.2 万个独立核算企事业单位中有一半以上实行了公司制、股份制、股份合作制改造，几百个企事业单位实施了股份制集团化改革。民营资本的投入使得小水电的发展更具活力，不仅丰富了小水电的投资结构，还加快了产业的体制改革步伐。

纵观近几十年来，我国小水电取得的卓越进步都离不开人民群众的广泛参与，也唯有人民群众的积极建设与参与才能使小水电更好地为人民服务。

三、坚持改革创新，完善管理体制和发展机制

（一）地方政府主导小水电发展

我国小水电开发管理是以地方为主分散进行的。除了小水电的发展战略、目标、标准及方针政策由中央政府制定外，其他关于小河流规划、设计、开

发、运行、管理及设备制造等均由地方政府承担。这种以地方为主、自力更生建设小水电和由大电网延伸供电相结合的方针，形成了中国小水电分散方式管理的局面（童建栋，2006）。

目前全国小水电已开发装机容量主要集中在广东等 20 个省（自治区、直辖市），而广东、四川、福建、云南、湖南、浙江 6 省又占了全国的 60%，这说明小水电是一个区域集中度很高的行业，反映了当地的资源优势和地方政府对小水电发展的主导作用。

除了规模的迅速发展外，我国小水电还形成了独特的运行方式，即以东部地区为主直接并入国家电网、以中西部地区为主形成地方电网、孤立小电网供电的具有自己供电区的 3 种运行方式。此外，在投资方面，出现了以地方各级政府投资为主的、更具有社会公益特性的小水电站，以及以集体与个人投资为主的以经济效益为目的的投资者所有的独立小水电站等模式。

（二）发展小水电改善农村用电

小水电的发展还使中国地方电网的规模不断扩大，促进了小水电供电区内用电构成的变化，保证了乡镇工业和农村家庭用电的持续增长，并使得小水电供电区内乡、村、户的通电率从 1985 年的 91.8%、78.1% 和 65.3% 达到了 2004 年的 99.57%、99.48% 和 98.85%，基本上解决了全国农村约 3 亿人口的用电问题。这一意义深远的变化表明，小水电在促进中国农村社会经济发展与环境保护中所起的作用越来越重要，已不单单是解决农村能源问题的一种技术和手段，而是形成了一个社会、经济和环境效益并重的新颖的小水电行业，并成为了中国农村两个文明建设的强大支柱。

（三）启动"小水电代燃料生态保护工程"

从 21 世纪开始，中央政府高度重视小水电改善生态环境和发展农村经济的重要性，因此提出"把农村水电列为促进农民增收效果更为显著的中小型基础设施"，同时还启动了目标宏伟的"小水电代燃料生态保护工程"，目标是通过发展小水电、沼气等解决农民的燃料和农村能源问题，防止滥伐山林，保护退耕还林成果。

（四）建立小水电清洁发展机制

2004 年 7 月，中国政府颁布了《清洁发展机制项目运行管理暂行办法》，将小水电清洁发展机制（CDM）项目作为国家鼓励开发的重点领域之一。截至 2018 年，我国已批准的水电 CDM 项目为 1242 项，其中 699 项已在联合国注册，231 项获得了 CER（核证减排量）签发。

（五）发展绿色小水电，探索生态补偿机制

党中央于 2011 年发布的中央 1 号文件《中共中央 国务院关于加快水利改革发展的决定》中指出，要加快绿色生态型水电的建设，充分利用水力资源，切实做到环境保护型水能发电。2012 年 5 月，水利部于全国农村水电工作会议上提出要着力打造"民生水电、平安水电、绿色水电、和谐水电"。2016 年12 月，水利部印发了《水利部关于推进绿色小水电发展的指导意见》，明确发展绿色小水电要全面落实"创新、协调、绿色、开放、共享"的发展理念和"节约、清洁、安全"的能源发展方针，坚持开发与保护并重，新建与改造统筹，建设与管理统一；重点从科学规划设计、规范建设管理、优化调度运行、治理修复生态等方面，落实绿色小水电发展任务；通过严格项目准入、依法监督检查、强化政策引导、增强公众参与和加强组织领导等举措，切实保障绿色小水电发展。提出到 2020 年，建立绿色小水电标准体系和管理制度，初步形成绿色小水电发展的激励政策，创建一批绿色小水电示范电站；到 2030 年，全行业形成绿色发展格局。

各地探索绿色小水电发展的生态补偿机制各不相同。有的地方采取政府专项资金支持生态水电示范区建设，有的是建立生态电价机制。无论哪种方式，均离不开当地政府和相关部门的重视。绿色小水电站政府转移支付成功的案例在浙江省，浙江省水利厅成立了生态水电示范区建设领导小组，主动与发改、财政、省治水办等部门对接，争取专项资金。金华市水利局会同市财政局建立了市级水库生态放水及放水后发电损益补偿机制，从 2017 年起对该市四座中型水库电站给予相应的生态发电损益补偿。我国小水电发展遵循一步一个脚印，始终坚持改革创新，不断完善发展机制和管理体制，使小水电在不同时期都能顺应潮流发挥优势。

四、坚持对外开放，全面推进国际交流和合作

我国小水电坚持对外开放，并在联合国有关机构、国际小水电组织成员单位的共同努力下，小水电的国际发展取得了重要进步。

（1）顺利完成国际小水电示范基地的建设。我国在湖南郴州、甘肃张掖等地建立国际小水电示范基地，以此为窗口探索小水电开发、管理和产品制造等方面的国际合作新方法，探索新形势下通过发展小水电为经济社会服务的新思路、新目标、新任务。

（2）广泛开展国际小水电设备贸易和项目合作。随着我国小水电建设的不断发展，在国际上和不同国家之间的贸易合作也不断增加。如在印度，国际小水电中心与印度喀拉拉邦合作开发了 18 座梯级小水电站；在赞比亚，国际小水电中心承建了 Shiwang Andu 小水电站，不仅为当地的学校、诊所和农场提供基础性供电，还减少了当地居民对薪柴资源的依赖；在坦桑尼亚，共建AHEPO 公司共同建设了 Andaoya 小水电站。

（3）积极推进"一带一路"建设工作。水利部农村电气化研究所紧密围绕

国内、国际两个大局，积极落实"一带一路"建设合作，同时投入较大人力、物力和经费研究基于模拟技术、虚拟技术、云技术和"互联网＋"等先进科技手段的涉外培训网络。在培训学员的协助下，开展"一带一路"国家清洁能源与农村电气化战略研究，并制定了《农电所"一带一路"国家能源及农村电气化合作实施方案》。

（4）积极进行国际小水电培训和技术咨询。自 1983 年起，以水利部农村电气化研究所为代表的单位逐渐开始举办水资源管理、小水电开发、农村电气化、气候变化等相关主题的涉外培训，共培训了来自 113 个国家的 2000 多名学员。研究所以软硬件条件为基础，全面建设援外培训工作平台；以管理制度为导向，全面强化援外培训工作细节；以技术服务为契机，力求援外培训成果多元化。同时以巴基斯坦为中心，将"中巴小型水电技术联合研究中心"打造成"南亚地区小水电技术研究与示范基地"；以印度尼西亚为中心，建立"中国-东盟可再生能源技术转移与培训中心"；以埃塞俄比亚为中心，建立"中非清洁能源与农村电气化技术转移及研究培训中心"……这些援外培训在提升我国国际形象、促进技术合作的同时，也为推动中国企业走出国门开拓国际市场搭建了一个很好的平台。截至 2016 年，研究所结合水电设计咨询单位以及水电设备制造厂家已为菲律宾、越南、印度尼西亚、巴布亚新几内亚、斯里兰卡、秘鲁、斐济、土耳其、马其顿、巴基斯坦、安哥拉、肯尼亚等 30 多个国家和地区提供了上百座小水电站的规划、设计、咨询及设备成套供货、安装指导等服务，合同金额上亿美元。其中，建成发电的小水电站 50 余座，装机容量近千兆瓦，真正推动了我国相关行业产能输出，促进了产能国际合作，促进了中国经济的可持续发展。

（5）完善推进小水电标准国际化工作。水利部为继续推进水利标准化改革，进一步优化完善标准体系，于 2017 年启动"水资源强制性标准"等 3 项强制性标准研编工作，并稳妥推进水利团体标准建设工作，建立团体标准协调机制，加快推进水利技术标准国际化发展战略，加大国际标准跟踪、评估和借鉴力度，启动实施小水电标准国际化项目，组织翻译多项重要水利技术标准。2018 年 9 月，联合国工业发展组织"小水电国际标准技术导则项目"启动会在国际小水电中心举行，会议旨在为制定小水电国际标准奠定基础，进一步推动小水电绿色、规范、有序和健康发展。

五、小水电融资多样化，形成企业和社会积极参与的氛围

（一）资金来源

目前小水电站的性质包含国家所有（包括全民和集体所有）、公私合营、私有资本独资、外资独资、中外合资等。小水电的主要融资方式是以中央资金

和地方政府配套资金等国家财政资金为引导的市场融资，主要包括政府投入、民间资本、农村小集体和外资这四个方面（曹丽军，2008）：

（1）政府投入。小水电建设的拨款主要是中央和地方政府对老少边穷地区的扶贫资金和其他资金。除了中央对农村电气化县的投入，各地对小水电建设都有相应的配套投入，这些政府投入对小水电项目融资有很好的引导激励作用。例如，河北省明确扶贫贷款可用于农村电气化建设；山西、辽宁和广东省级配套资金与中央投资比例达到 6：1，每县每年达到 600 万元；河北、浙江省级配套资金与中央投资比例达到 3：1，每县每年达到 300 万元；湖南、湖北、甘肃等九省以及新疆生产建设兵团省级配套资金与中央投资比例都达到了 1：1 以上。

中央及省级小水电资产运营机构，经政府有关部门委托，作为农村水电国有资产的出资人代表，行使法人职责，对中央补助资金和省级配套资金进行农村水电投资管理。

（2）民间资本。进行小水电战略投资的民企进行投资的资金主要包括自有资金、商业银行贷款和发行股票等。有些小水电投资公司与当地电力企业合作共同出资来建设小水电站，以适应地方的情况。民营股份制小水电企业，入股方式有四种：①现金投入；②由于电站建设占用当地农民土地，当地农民可以以补偿金入股；③银行贷款和其他方式融资；④劳务收入入股。

个体私有业主主要靠自发组织筹资，由几个人合作共同出资本金，然后成立项目公司向商业银行贷款，而贷款在一定程度上也依靠个人信誉和地方关系。这种形式在游资较多的东部沿海经济发达地区比较普遍。

（3）农村小集体。集体所有的小水电站一般是集体资金和公共财产作为资本金，当地农民投劳折资，再借助国家政策性贷款来完成建设。

（4）外资。外资在中国建设小水电站，有独资的，也有与中国公司合作来完成开发的。部分地方政府也出台了一些对外招商引资的优惠政策。与此同时，我国政府还积极组织争取国际机构的援助性贷款。1994 年开始有外资投资的年报记录，外资来源主要有华侨在境内的小水电投资、外国政府贷款、国际金融机构贷款、国外水电投资公司在境内的小水电投资等。

（二）银行融资

小水电站进行商业化运作，银行贷款是小水电建设的重要资金来源，其中包括商业银行贷款和政策银行贷款。主要贷款银行有中国农业银行、中国农业发展银行、中国建设银行、中国工商银行等。在很长一段时间，国家对小水电优先提供政府低息贷款，由中央银行分配资金到基层银行，以确保项目的资金需求。目前，对小水电贷款有政策性倾向的主要是来自中国农业发展银行的农村基础设施专项贷款。其中，商业银行融资主要包括项目融资和公司融资。

（1）项目融资。项目融资即小水电业主为项目筹资并成立一家公司，由项目公司承担贷款。以项目公司的现金流量和收益作为还款来源，项目公司的资产作为贷款安全的保障。以项目融资方式向商业银行贷款的，银行根据项目效益、偿还能力和风险进行评估，决定是否发放项目贷款，这种项目融资方式是完全按照市场经济规律来进行的。项目融资的方式有两种，即无追索权的项目融资和有追索权的项目融资。一般银行会要求后者，也就是要求第三方担保，但是小水电企业由于自身规模小很难找到担保方。

在项目资本运行中，还有一些创新模式，如 BOO（建设—经营—拥有），这是我国从 20 世纪 80 年代就开始的谁建、谁管、谁拥有的小水电投资政策引发而来；又如 BOT（建设—经营—转让）项目融资，在互利互惠的基础上，外国投资者与政府分配该项目的资源、风险和利益，由政府提供土地等不动产或其他优惠方式；由外商建设和运行一定期限，最后要转让给当地政府。此外，还有 BOOT（建设—经营—拥有—转让）、BLT（建设—租赁—转让）、BTO（建设—转让—经营）、ROT（重构—经营—移交）、TOT（移交—经营—移交）等。比较普遍的 BLT 形式即为所有权和经营权的分离：早年国家建的电站，转给个人承包，这样做可以在某种程度上提高小水电站的效益，因为对电站管理人员的激励和承包前是不一样的。有一些地方对电站的承包经营权规定在 20 年以上，这样还解决了老电站报废重建和更新改造的资金问题。

（2）公司融资。以公司融资方式向银行贷款，是以小水电公司的综合实力和自身信用为条件，即使这个小水电开发项目不盈利，公司也要通过盈利项目来偿还贷款。

除了融资之外，企业参与小水电投资还体现在企业承包电站建设经营和自主研发机电设备等方面。承包管理作为水电站生产与运营的一种创新型的管理模式，可以使水电站的机构设置和人员投入大幅缩减，进而使生产与经营管理成本大大降低，给水电站带来更大的运营效益。对水电站的生产以及运行实施承包管理的主要特点为：由水电站的业主方将电站机电设备、水工建筑物等的运行、维护、小修及生产管理工程采用公开招标等形式，用一定的价格把水电站的生产与经营权承包给一些具备相应资质的单位，在双方签订相应的管理承包合同之后，要由承包单位组建项目部来负责履行合同的相关事宜，为水电站的业主方提供一系列的生产与运营有关的管理服务。通过这种模式对水电站的生产与运营进行管理可以使管理水平大大提升，并且还能不断提高生产效率，为业主及企业创造更大的经济效益（陈盛玉，2007）。

六、绿色水电意识逐步形成，向绿色发展转型

由于早期建成的部分小水电站缺乏对河流的整体规划，受过去传统开发理

念、技术和资金等方面制约，导致一些流域电站布局不合理，梯级电站之间的发电流量不匹配；2003 年 9 月前建设的小水电站大部分未设计生态泄放流量，导致河流生态和下游用水受到影响；由于一些地区小水电规划、设计、建设、运行和管理存在薄弱环节，使得地区的鱼类保护以及水土保持受到了极大的破坏，甚至造成了部分河流断流，这些问题引起了社会各界的广泛关注。

如何有限、有序、有偿开发利用水能资源，推进绿色水电建设，发挥小水电保护生态环境的作用已经成为水利部门加快转变农村小水电发展的理念。立足于此，水利部也提出了绿色小水电发展指导意见、增效扩容改造河流生态修复指导意见以及加强生态流量监测的指导意见，颁布实施了《绿色小水电评价标准》（SL 752—2017）等绿色小水电技术规范。同时，启动了绿色水电站创建工作，全过程加强生态保护，并首次在全国开展中小河流水能资源开发规划修编，25 个省级行政区的 3400 多条河流的规划得到修编。

1. 建立水电站下泄生态流量监测系统

生态流量是指水流区域内保持生态环境所需要的水流流量，一般在建设水坝的时候有最小生态流量的要求，是维持下游生物生存和生态平衡的最小的水流量。农村水电站的最小生态流量是指为满足维持区域河道的生态用水需求，在建设及运行中必须保证的下泄最低流量。

建立"水电站下泄生态流量监测系统"是重要的长效监督和管理手段，为各地主管部门随时掌握各水电站的流量下泄情况、保障下游河流的生态用水需求发挥了重要作用，同时也推动了水资源科学、合理、有序开发和可持续利用。

2. 颁布《绿色小水电评价标准》（SL 752—2017）

2017 年 5 月，水利部颁布了《绿色小水电评价标准》（SL 752—2017），并于同年 8 月正式实施。该标准诠释了绿色小水电的内涵，规定了绿色小水电评价的基本条件、评价内容和评价方法，自绿色水电提出以来，首次统一了我国绿色小水电的评判尺度和技术要求。

3. 创建绿色小水电站

明确绿色小水电站的创建目标，标志着我国绿色小水电建设步入了规范化轨道。2017 年 6 月，绿色小水电站创建工作正式拉开帷幕。按照《水利部关于开展绿色小水电站创建工作的通知》的相关要求，到 2020 年，我国将力争把单站装机容量 10MW 以上、国家重点生态功能区范围内 1MW 以上、中央财政资金支持过的水电站创建为绿色小水电站。

第二章

中国省域小水电发展水平的
时空演变规律研究

第一节 中国省域小水电发展概况

可再生能源是能源体系的重要组成部分，有利于人与自然和谐发展。当前，开发利用可再生能源已成为世界各国保障能源安全、加强环境保护、应对气候变化、实现绿色发展转型的重要措施。随着经济社会的快速发展，中国能源需求持续增长，能源资源和环境问题日益突出，加快开发利用可再生能源已成为我国应对日益严峻的能源环境问题，促进绿色发展的必由之路。近年来，中国可再生能源领域科技创新能力及产业技术水平得到了跨越式提升。

当前，与大水电在生态环境保护方面受到诸多质疑相比（Deepak K and Katoch S S，2015），小水电作为国际公认的清洁、可再生能源，淹没影响范围和移民问题相对较小，建成后运营、维护较为简单，投入产出比较高，既可独立运行，也易接入主干电网，且可以相对较为便捷地根据生态环境要求进行生态化改造（Gagnon L et al.，2002）。对于具有丰富水能资源且短期内无法接入主干电网的农村和偏远地区，小水电无疑是提供生产生活用电、减少贫困、优化能源结构、减少碳排放的重要选项。

中国地域辽阔，不同地区气候及水文、水资源条件差异较大，各地区经济社会发展与生态环境保护之间不平衡不充分。中国小水电经历近70年的发展历程，从省级层面对其发展水平进行综合评价，分析关键时间节点的发展态势，探寻其空间演变格局及成因，对于研判今后的发展趋势，合理规划和布局小水电未来发展，是极为重要和必要的。

从图2-1可以看出，经过近5年的农村水电发展，大部分省份新增装机容量都呈现正增长趋势。其主要新增装机容量主要集中在我国西南、西北和中部地区，四川省以新增装机容量149.9万kW位列全国第一，云南、贵州、湖南紧随其后。目前这种发展水平分布态势的形成，不仅与资源禀赋、地形特点等有关，还与经济社会发展、生态环境等诸多影响因素有密切的联系。

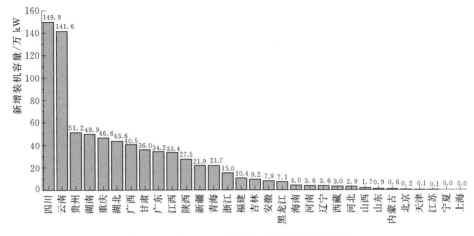

图 2-1 2013—2017 年各省份新增装机容量

针对小水电的评价，已有研究在小水电发展水平评价及空间分布格局分析方面做了大量工作。在小水电发展水平评价方面，针对小水电发展存在的法律冲突，电站的环境、经济、资源、社会、政治影响评价，小水电与社会、经济、生态环境可持续发展，小水电开发现状和潜力，小水电站运行和自动化维护，绿色小水电认证和监管、评价指标体系构建等问题，已有研究从国家、省级、县级、电站等层面，通过遥感数据分析、因素分析、综合大坝评价模型、模糊层次分析、驱动力-压力-状态-影响-响应模型、生态保护工程能源计算模型、多标准评分、小水电站运行和维护模型、模糊综合评价、定性分析等方法，在得到相关结论的同时，从管理条例、政策设计、规划制定、项目融资、能源交易、能源监管、环境影响、评价指标、电站设备及监测系统等方面指出了小水电发展面临的挑战，并提出了对策建议（Surekha D et al.，2006；Nitin T，2007；Serhat K and Kemal B，2009；Philip H B，Desiree T，2009；Ding Y F et al.，2011；Olayinka S O et al.，2011；Serhat K，2014；Hira S S et al.，2015；Luka S et al.，2015；Jacson H I F，et al.，2016；Ameesh K S and Thakur N S，2017；Wu Y et al.，2017）。在小水电空间分布格局分析方面，已有研究主要针对水电站选址和布局，水能资源开发模式，水能资源开发利用程度，水电开发带来的生态环境、土地利用、景观格局负面效应等问题，从国家、流域、电站等层面，通过地理空间信息系统、面板数据统计分析、因素分析、定性分析等方法，得出相关结论（Pannathat R et al.，2009；Choong S Y and Jin H L，2010；Afreen S and James L W，2012；Jiang S Y et al.，2015；Henriëtte I J et al.，2015；Zhao X G et al.，2012；Murat K et al.，2014）。

总体来看，相关研究已取得诸多成果，但仍有待进一步完善，主要体现在：①在小水电发展水平评价方面，已有研究大多聚焦于单一电站层面，较少从国家、省级层面，基于长时间序列的面板数据对小水电发展水平进行综合评价；②在小水电空间分布格局分析方面，已有研究较少从具有代表性的时间截面，分析小水电发展水平的空间分布特征及其演变规律。

因此，为探索中国省域小水电发展水平的时空演变规律，需借助一套科学合理的量化综合分析方法。在已有研究的基础上，从经济、社会、生态环境、资源等多个领域，针对中国小水电的省域发展水平评价及其空间格局演变等问题从综合、可持续的角度来开展研究，分析中国小水电发展水平的空间分布特征，对其发展格局进行划分，并探寻其演化过程及原因。

第二节　中国省域小水电发展水平评价方法

一、总体思路

为重现中国省域小水电发展水平的时空演变规律，本书在回顾中国小水电发展历程的基础上，从发展水平评价、空间分布格局分析两个方面构建中国省域小水电发展水平的时空演变规律研究方法。其中，以 1990—2015 年各省级行政区面板数据为基础，从经济、社会、生态环境、资源等四个领域构建中国省域小水电发展水平评价指标体系，综合运用熵权 TOPSIS 方法、耦合协调度理论建立中国省域小水电发展水平评价模型；利用收敛分析理论对中国省域小水电发展水平的变化趋势进行研判；以聚类分析及重心分析理论为基础建立省域小水电空间分布格局分析方法。在此基础上，明晰中国省域小水电发展水平的时空演变规律，结合各省级行政区小水电发展特点，因地施策，以推动中国小水电行业的进一步发展。本节研究的总体思路如图 2-2 所示。

二、评价指标体系

目前，国际上具有代表性的小水电可持续发展水平评价指标体系主要包括瑞士绿色水电认证、美国低影响水电认证和国际水电协会水电可持续性评估（Pannathat R et al.，2009；Choong S Y and Jin H L，2010；Afreen S and James L W，2012）。相对于发达国家的研究，中国对小水电发展水平评价的研究于近年才起步，且主要从概念理念、发展战略、评价体系、标准制定以及实证分析等方面对单一水电站的可持续性开展评价（Jiang S Y et al.，2015；Henriëtte I J et al.，2012；Murat K et al.，2014；United Nations Industrial Development Organization，2017；中国国家统计局农村社会经济调查司，

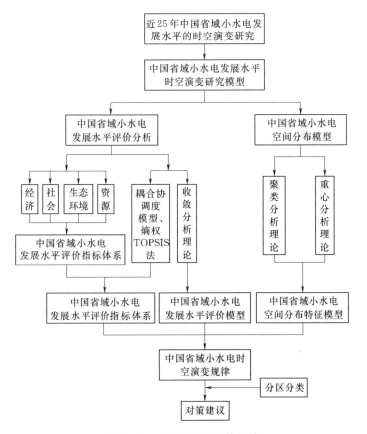

图 2-2 本节研究的总体思路

2016)。总体来看，目前国内外已有的小水电发展水平评价指标体系主要涉及经济、社会、生态环境、资源等领域，但单一评价指标体系往往综合性不足，大多聚焦于电站层面并处于定性描述阶段（Low Impact Hydropower Institution，2004；Bratrich C et al.，2004；Mingyue Pang et al.，2018；Deepak K and Katoch S S，2015；IHA，2010），仅有《绿色小水电评价标准》（SL 752—2017）少数研究对相关指标进行量化分析。从指标数量来看，定性类评价指标体系包含 11～28 个指标，平均数量为 21 个；定量类评价指标体系包括 14～16 个指标，平均数量为 15 个。

鉴于此，本书遴选指标时，遵循可持续性、可操作性和代表性原则（China Ministry of Water Resources，2017；Hira S S et al.，2015）。按照可持续性原则，认为小水电的开发要对保护与发展均具有促进作用，从经济、社会、生态环境和资源等领域初步遴选 25 个指标；遵照可操作性原则，查找有关统计年鉴、年报，通过数据可得性筛选获得中国 31 个省级行政区的 20 个指标；依据代表性原则，对这 20 个指标进行试运算，因熵权 TOPSIS 法根据指标的离异程度赋权重，故方差小的指标所得权重亦小，在试运算中，根据标准化后的方差进一步筛选指标，选取至累积方差达到 90% 为止，共得到 15 个指标，见表 2-1。

表 2-1　　　　　　　　　小水电可持续发展水平评价指标体系

领域	序号	指　　标	功效性	方差比重/%	累积方差比重/%
经济 （A）	A1	农村发电量（万 kW·h）	正	9.67	9.67
	A2	农村固定资产投资（亿元）	正	5.56	15.23
	A3	有效灌溉面积（$10^3 hm^2$）	正	3.21	18.44
	A4	农业总产值（亿元）	正	2.85	21.29
	A5	农用排灌柴油机动力（万 kW·h）	负	8.56	29.85
社会 （B）	B1	农村用电量（亿 kW·h）	正	6.6	36.45
	B2	农村贫困人口（万人）	负	3.99	40.44
	B3	农民家庭人均纯收入（元）	正	1.95	42.39
生态 环境 （C）	C1	旱灾成灾面积（$10^3 hm^2$）	负	6.61	49.00
	C2	除涝面积（$10^3 hm^2$）	正	8.19	57.19
	C3	水灾成灾面积（$10^3 hm^2$）	负	7.11	64.30
	C4	森林面积（$10^3 hm^2$）	正	4.11	68.41
资源 （D）	D1	乡村办水电站个数（个）	正	9.49	77.90
	D2	小水电装机容量（万 kW）	正	9.02	86.92
	D3	农村水库总库容（亿 m^3）	正	3.76	90.68

注　功效性中，"正"意为效益型指标，"负"意为成本型指标。

三、逼近理想解排序法（Technique for order preference by similarity to ideal solution，TOPSIS）

TOPSIS 法是一种多目标决策方法。该方法是 C. L. Hwang 和 K. Yoon 于 1981 年首次提出的，TOPSIS 法是根据有限个评价对象与理想化目标的接近程度进行排序，在现有的对象中进行相对优劣评价的方法（Hwang C L and Yoon K S，1981）。该方法的基本思路是定义决策问题的理想解和负理想解，然后在可行方案中找到一个方案，使其距理想解的距离最近，而距负理想解的距离最远。

理想解一般是设想最好的方案，它所对应的各个属性至少达到各个方案中的最好值；负理想解是假定最坏的方案，其对应的各个属性至少不优于各个方案中的最劣值。方案排队的决策规则，是把实际可行解和理想解与负理想解做比较，若某个可行解最靠近理想解，同时又最远离负理想解，则此解是方案集的满意解（Wu N L，1997；Robert L F，2002）。

本书使用 TOPSIS 法来客观反映各省级行政区的小水电发展水平。

1. 评价指标的无量纲化

设有 m 个（$m=31$）待评价省级行政区，n 项（$n=15$）评价指标，形成原始评价指标数据矩阵 $X=(x_{ij})_{m\times n}$，x_{ij} 表示第 i 个待评价省级行政区的第 j 个指标值。在评价指标体系中，为避免各指标间由于量纲、数量级不一致而无法直接进行比较，需要对决策矩阵 x_{ij} 进行无量纲化。本书采用比重法进行处理：

$$P_{ij} = \frac{x_{ij}}{\sum_{i=1}^{m} x_{ij}} \qquad (2-1)$$

式中：P_{ij} 为第 i 个省级行政区第 j 个评价指标的比重。

2. 利用熵权法确定指标权重

熵权法依据各项指标客观信息量的大小计算指标权重。在信息论中，信息熵是系统无序化程度大小的度量，若某项指标值的信息熵越小，则其信息量越大，其指标权重也越大；反之，则该指标权重越小。在多省级行政区综合评价中，可依据各项指标值的变异程度，利用信息熵计算各指标权重。计算步骤如下：

第一步，计算熵值：

$$e_j = -k \sum_{i=1}^{m} (P_{ij} \ln P_{ij}) \qquad (2-2)$$

式中：e_j 为第 j 个指标的熵值，若取 $k=1/\ln m$，则 $0 \leqslant e_j \leqslant 1$。

第二步，计算差异系数：

$$g_j = 1 - e_j \qquad (2-3)$$

式中：g_j 为第 j 个指标的差异系数，若 e_j 越小，则第 j 个指标的差异性越大，说明该指标在综合评价中作用越重要。

第三步，定义指标权数：

$$w_j = \frac{g_j}{\sum_{j=1}^{m} g_j} \qquad (2-4)$$

式中：w_j 为第 j 个指标的权重。

3. 利用 TOPSIS 法进行排序

TOPSIS 法可以通过计算评价对象的指标评价向量与最优解、最差解之间的距离，来对评价对象进行排序，确定各省级行政区小水电发展水平。计算步骤如下：

第一步，构造标准化的加权决策矩阵：

$$Z_{ij} = (w_j P_{ij})_{m \times n} = \begin{bmatrix} w_1 P_{11} & w_2 P_{12} & \cdots & w_n P_{1n} \\ \vdots & \vdots & \cdots & \vdots \\ w_m P_{m1} & w_2 P_{m2} & \cdots & w_m P_{mn} \end{bmatrix} \quad (2-5)$$

式中：Z_{ij} 为加权决策矩阵。

第二步，确定正理想解和负理想解：

$$Z^+ = \{(\max Z_{ij} | j \in J_1), (\min Z_{ij} | j \in J_2 | i = 1, 2, \cdots, m)\} = \{Z_1^+, Z_2^+, \cdots, Z_n^+\}$$
$$(2-6)$$

$$Z^- = \{(\min Z_{ij} | j \in J_1), (\max Z_{ij} | j \in J_2 | i = 1, 2, \cdots, m)\} = \{Z_1^-, Z_2^-, \cdots, Z_n^-\}$$
$$(2-7)$$

式中：Z^+ 为第 j 个指标在 i 年的最大值，即正理想解；Z^- 为第 j 个指标在 i 年的最小值，即负理想解；J_1 为效益型指标集；J_2 为成本型指标集。

第三步，分别计算每个评价指标到正、负理想点的距离：

$$S_i^+ = \sqrt{\sum_{j=1}^{n} (Z_{ij} - Z_j^+)^2} \qquad i = 1, 2, \cdots, m \quad (2-8)$$

$$S_i^- = \sqrt{\sum_{j=1}^{n} (Z_{ij} - Z_j^-)^2} \qquad i = 1, 2, \cdots, m \quad (2-9)$$

式中：S_i^+、S_i^- 分别为每个评价指标到正、负理想点的距离。

第四步，计算各省级行政区评价指标与理想解的相对接近度 C_i：

$$C_i = \frac{S_i^-}{S_i^+ + S_i^-} \qquad i = 1, 2, \cdots, m \quad (2-10)$$

将计算出的 C_i 按从大到小排序，C_i 越大，表明小水电发展水平越高。

四、耦合协调度模型

耦合在物理学中是指两个或两个以上电路元件或电网络的输入与输出之间存在紧密配合与相互作用，并通过相互作用从一侧向另一侧传输能量的现象。耦合度是衡量耦合的两个电路元件系统之间紧密程度的物理量。协调是指为了完成计划并实现目标，对各系统进行调节，使之同步、协调发展。协调度是指衡量系统或系统内部要素之间在发展过程中彼此和谐一致的程度，体现了系统由无序走向有序的趋势（孙宪春等，2008）。

耦合协调是指相互作用的两系统紧密、均衡发展。耦合协调度用于衡量相互作用的系统之间耦合与协调综合的程度。借鉴耦合、协调定义研究区域内经济系统和社会系统耦合协调发展，并通过构建系统的耦合度、协调度、耦合协调度评价模型进行研究。

1. **建立协调度模型**

协调度模型可以衡量评价对象的相关领域间的协同作用，即相互作用程度，这些领域影响着评价对象的发展趋势。本书通过协调度模型衡量经济、社会、生态环境和资源四大领域间的协同程度（Fuller R B, 1975）。

借鉴容量耦合系数模型与耦合度函数建立协调度模型：

$$K_i = \left\{ (A_i \times B_i \times C_i \times D_i) \middle/ \begin{bmatrix} (A_i + B_i) \times (A_i + C_i) \times (A_i + D_i) \\ \times (B_i + C_i) \times (B_i + D_i) \times (C_i + D_i) \end{bmatrix} \right\}^{1/4}$$

$$(2-11)$$

式中：A_i、B_i、C_i 和 D_i 分别为第 i 个省级行政区的经济、社会、生态环境和资源领域得分，可通过熵权 TOPSIS 法得出；K_i 为四大领域间的协调性，$0 \leqslant K_i \leqslant 1$，$K_i$ 越大表示协调性越好。

2. **建立耦合协调度模型**

在某些情况下，协调度难以反映出领域间的真实情况。例如，四个领域得分均低和均高的省级行政区，其协调度得分可能相近，但小水电发展水平却差异巨大。因此，需要进一步构建耦合协调度模型来更全面地反映省域小水电发展水平。耦合协调度模型为

$$Z_i = (K_i \times C_i)^{1/2} \qquad (2-12)$$

式中：Z_i 为第 i 个省级行政区的耦合协调度，$0 \leqslant Z_i \leqslant 1$，$Z_i$ 越大表示小水电发展水平越高。

五、β 收敛分析模型

20 世纪 60 年代，新古典经济增长理论由经济学家索洛和斯旺所创立，其中一种重要的理论就是经济收敛理论。在一个封闭的经济环境里，不同经济个体在社会生产中随着资本的增加所带来的边际产出是逐渐递减的。因此，一个经济的资本回报率和人均收入的增长速度是与人均收入距离稳态水平的距离成正比关系的。最终经济会向稳定状态收敛，这一过程就称为经济的收敛性。由于各个经济体的状态不同，所以稳定状态也因个体而异。在经济向稳态收敛的过程中，由于落后地区的初始经济水平较低，因此其边际产出较高从而具有较高的经济增长率。因此，初始经济水平较低的地区将有一个赶超发达经济体的趋势，最终落后经济体和发达经济体都达到一个稳定的状态。

了解收敛问题的基本假说能更好地研究经济增长的收敛性，纵观对收敛问题的研究，常常把收敛问题分为两种，即 σ 收敛和 β 收敛。收敛主要是对截面数据经济增长的静态收敛分析，β 收敛主要研究一定时间段内经济增长的动态收敛特性。本书主要分析的是经济增长的 β 收敛特性，β 收敛理论可以归纳为以下几种假说：

（1）绝对 β 收敛假说。绝对 β 收敛是指那些具有相似结构特征的经济体通常具有相同的经济稳态，这些结构特征包括技术状况、制度、文化水平和偏好等。经济增长的增长率与初始人均产出所呈现的负相关关系与初始经济状态无关，即各经济体的经济增长在长期内将趋于相同的稳态。由绝对 β 收敛假说可知，若经济体存在绝对收敛特性，则初始经济水平高的地区对应着较低的经济增长率，而初始经济水平低的地区则对应着较高的经济增长率。若经济体不存在绝对收敛特性，则经济的增长率与初始经济水平无关。

（2）条件 β 收敛假说。条件 β 收敛假说强调不同经济体各自的收敛状态，原因是不同经济体之间在结构特征方面存在差异，因此不同经济体也就具有各自的稳态水平，长期内各经济体的稳定状态是与各自的初始经济水平相关的。由条件 β 收敛假说可知一些相关变量在影响着经济增长的稳态，只有考虑了这些相关变量的影响才能得到准确的收敛性结果。因此，在研究条件经济收敛性时必须考虑经济体之间的差异状况，并考虑那些具有差异的经济变量对收敛性的影响。只有这样，所研究的收敛问题才具有条件收敛的假定条件，才能验证经济体条件收敛的特性。

（3）俱乐部收敛假说。俱乐部收敛主要研究具有相似结构特征经济体的收敛性，这些结构特征包括人力资本、市场开放度、政府政策、人口增长率等。如果这些经济体的初始条件也相似的话，那么这些经济体在长期内将存在收敛的趋势。各个俱乐部内部的成员之间具有各自的经济稳态并且均向各自的经济稳态水平收敛；如果各个俱乐部内部的成员之间存在不同的经济稳态水平，则俱乐部间就不存在收敛趋势。换句话说，经济水平较贫穷的地区和经济水平较发达的地区之间不存在收敛性，条件收敛性只是存在于各地区内部。其实俱乐部收敛是对条件 β 收敛的完善和补充，它能更好地研究不同国家之间或者同一个国家的不同区域之间经济增长的收敛性。

为研判中国省域小水电发展水平是否具有趋同性，可借用经济学中的收敛分析理论进行研究。收敛分析计算方法一般可分为绝对 β 收敛和条件 β 收敛。

绝对 β 收敛是指每一个地区的小水电发展水平与初始水平存在负相关关系，小水电发展水平较低的地区对发展水平较高的地区存在赶超趋势，并最终实现相同的稳态增长。为消除各地区经济、社会、生态环境、资源等指标周期波动的影响，将样本期划分为两个时间段，分别为 1990—2002 年和 2003—2015 年。各地区小水电发展水平的绝对 β 收敛模型为

$$(Z_t - Z_{t-1})/13 = \alpha + \beta Z_{t-1} + \varepsilon \qquad (2-13)$$

式中：Z 为耦合协调度得分；t、$t-1$ 分别为 2003—2015 年和 1990—2002 年；13 为两个时间段之间的间距；若回归系数 $\beta < 0$，说明存在绝对 β 收敛，且 β 的绝对值越大，收敛性越强，反之则为发散；α 为常数项；ε 为随机扰动项，

反映其他因素对该模型的影响。

该模型采用 Mille 和 Upadhyay 的 β 收敛检验方法进行检验，利用 2010—2015 年数据检验上述模型是否满足以上面板数据（Stephen M M and Mukti P U，2002）。

条件 β 收敛是指考虑了各地区不同的特征后，当回归系数 β 为负时，各地区内的小水电向各自的稳态水平发展。为消除指标随周期波动而产生的影响，将样本期划分为 13 个时间段，分别为 1990—1991 年、1992—1993 年、…、2014—2015 年。构建如下条件 β 收敛模型：

$$(Z_t - Z_{t-1})/2 = \alpha + \beta Z_{t-1} + \varepsilon \qquad (2-14)$$

式中：t、$t-1$ 分别代表两个相邻的时间段。

本书运用被广泛采用的面板数据固定效应模型和随机效应模型计算各地区条件 β 收敛的回归结果，并选择 Hausman 检验方法来验证其适合的固定效应模型或随机效应模型（Jerry H et al.，2005）。

六、聚类分析

聚类分析是一种分类技术。与多元分析的其他方法相比，该方法较为粗糙，理论上还不完善，但应用方面取得了很大成功。与回归分析、判别分析一起被称为多元分析的三大方法。

聚类的目的是根据已知数据，计算各观察个体或变量之间亲疏关系的统计量（距离或相关系数）。根据某种准则（最短距离法、最长距离法、中间距离法、重心法），使同一类内的差别较小，而类与类之间的差别较大，最终将观察个体或变量分为若干类

聚类分析内容非常丰富，有系统聚类法、序样品聚类法、动态聚类法、模糊聚类法、图论聚类法、聚类预报法等。对于处理数值型的属性，实际应用中常常采用快速聚类的方法（k - Means Cluster），本书对经济、社会、生态环境、资源等四个领域的得分及耦合协调度 Z_i 进行 K 均值聚类分析，其计算过程如下：

（1）随机指定 K 个簇中心，用欧氏距离计算每个样本数据距簇中心的距离，计算公式为

$$d_{ij} = \sqrt{\sum_{k=1}^{n} (Z_{ik} - Z_{ij})^2} \qquad i=1,2,\cdots,n; j=1,2,\cdots,m \qquad (2-15)$$

式中：Z_i 为第 i 个省级行政区的耦合协调度。

（2）将每个样本数据分配到距它最近的簇中心，得到 K 个簇。

（3）分别计算各簇中所有样本数据的均值，把它们作为各簇新的簇中心。

（4）重复计算步骤（2）和步骤（3）直到 K 个簇中心的位置都固定，簇的分配也固定，簇中心是样本数据的均值。

七、重心分析

物理学上，重心是指物体各部分所受重力的合力的作用点；在地理学中，地理重心是描述地理属性或事物分布的矢量合力点，可以分为几何重心和加权重心。几何重心在地理学中一般称为均质重心，即为区域边界多边形界址点的横坐标与纵坐标数值的算术平均值，通常可以表达为

$$\bar{x} = \frac{1}{n}\sum_{n=1}^{n}x_i, \bar{y} = \frac{1}{n}\sum_{n=1}^{n}y_i \qquad (2-16)$$

式中：n 为区域边界多边形界址点的数目；x_i、y_i 分别为区域边界多边形第 i 个界址点的横坐标和纵坐标值；$\bar{x}$ 为均质重心的横坐标值；$\bar{y}$ 为均质重心的纵坐标值。

几何重心在地理学中可以理解为地理属性或事物均匀分布时的中心位置，通常作为比较分析的背景值。

借鉴几何学和力学的相关理论，采用几何重心法计算各省级行政区耦合协调度的重心。由各省级行政区的几何重心经纬度数据，计算两坐标之间空间距离的统计特征（William P A，2012）：

$$d = R \cdot \arccos\left[\cos\left(\frac{lat_1 \cdot \pi}{180}\right)\right] \cdot \cos\left(\frac{lat_2 \cdot \pi}{180}\right) \cdot \cos\left(\frac{(lng_1 - lng_2) \cdot \pi}{180}\right)$$
$$+ \sin\left(\frac{lat_1 \cdot \pi}{180}\right) \cdot \sin\left(\frac{lat_2 \cdot \pi}{180}\right) \qquad (2-17)$$

式中：R 为地球半径，取 6371km；lng、lat 分别为省级行政区几何重心的经度、纬度坐标值；π 为圆周率。

第三节　中国省域小水电时空演变规律分析

一、指标权重

根据第一节对小水电发展历程的划分，分别选取 1990 年、1995 年、2000 年、2005 年、2010 年、2015 年等六个关键节点年，对其截面数据进行分析，计算得出各节点年各指标的权重（见表 2-2），并以此为基础对省域小水电发展空间格局演变情况进行描述。

表 2-2　　　　　　各节点年小水电发展水平评价指标权重

指标	指 标 权 重					
	1990 年	1995 年	2000 年	2005 年	2010 年	2015 年
A1	0.110	0.115	0.117	0.116	0.092	0.093
A2	0.094	0.063	0.054	0.066	0.061	0.044
A3	0.035	0.035	0.034	0.035	0.034	0.036
A4	0.028	0.029	0.036	0.032	0.035	0.030
A5	0.118	0.120	0.111	0.090	0.083	0.080
B1	0.041	0.056	0.065	0.083	0.091	0.088
B2	0.044	0.045	0.045	0.044	0.046	0.047
B3	0.016	0.018	0.017	0.018	0.017	0.014
C1	0.066	0.054	0.057	0.061	0.108	0.119
C2	0.087	0.088	0.089	0.088	0.091	0.093
C3	0.073	0.068	0.086	0.071	0.078	0.082
C4	0.048	0.049	0.047	0.042	0.042	0.041
D1	0.100	0.106	0.101	0.114	0.098	0.100
D2	0.092	0.107	0.102	0.105	0.087	0.087
D3	0.048	0.047	0.039	0.035	0.037	0.046

二、耦合协调度分析

从国家层面来看，耦合协调度的变化幅度总体不大，全国小水电发展水平在持续波动中略有上升，见表 2-3 和图 2-3。全国小水电发展水平的总体提高得益于 20 世纪 90 年代以来，水电农村电气化、小水电代燃料生态保护、小水电增效扩容改造等政策的大力扶持。

表 2-3　　　　　各节点年省域小水电发展水平耦合协调度

区域	行政区	耦 合 协 调 度							
		1990 年	1995 年	2000 年	2005 年	2010 年	2015 年	平均分	平均排名
华北	北京	0.434	0.424	0.429	0.400	0.430	0.410	0.421	22
	天津	0.365	0.362	0.366	0.344	0.370	0.366	0.362	29
	河北	0.339	0.319	0.396	0.364	0.445	0.434	0.383	28
	山西	0.425	0.425	0.421	0.397	0.425	0.421	0.419	24
	内蒙古	0.419	0.415	0.413	0.388	0.431	0.395	0.410	26
	平均	0.396	0.389	0.405	0.379	0.420	0.405	0.399	—

续表

区域	行政区	耦 合 协 调 度							
		1990 年	1995 年	2000 年	2005 年	2010 年	2015 年	平均分	平均排名
东北	辽宁	0.452	0.460	0.483	0.458	0.474	0.446	0.462	16
	吉林	0.461	0.466	0.470	0.429	0.468	0.471	0.461	17
	黑龙江	0.401	0.397	0.421	0.385	0.445	0.465	0.419	23
	平均	0.438	0.441	0.458	0.424	0.462	0.461	0.447	—
华东	上海	0.000	0.000	0.000	0.000	0.000	0.000	0.000	31
	江苏	0.433	0.395	0.481	0.408	0.422	0.343	0.414	25
	浙江	0.503	0.506	0.547	0.536	0.526	0.526	0.524	3
	安徽	0.469	0.463	0.476	0.451	0.486	0.500	0.474	13
	福建	0.543	0.550	0.553	0.544	0.519	0.529	0.540	2
	江西	0.509	0.520	0.506	0.478	0.494	0.505	0.502	6
	山东	0.407	0.337	0.400	0.365	0.446	0.453	0.401	27
	平均	0.409	0.396	0.423	0.397	0.413	0.408	0.408	—
华中	河南	0.463	0.450	0.458	0.429	0.486	0.498	0.464	15
	湖北	0.516	0.509	0.507	0.462	0.492	0.504	0.498	7
	湖南	0.518	0.531	0.525	0.496	0.481	0.491	0.507	5
	平均	0.499	0.497	0.497	0.462	0.486	0.498	0.490	—
华南	广东	0.537	0.564	0.554	0.539	0.548	0.543	0.548	1
	广西	0.519	0.509	0.505	0.453	0.467	0.491	0.491	9
	海南	0.428	0.428	0.433	0.421	0.460	0.462	0.439	19
	平均	0.495	0.500	0.497	0.471	0.492	0.499	0.493	—
西南	重庆	0.484	0.494	0.505	0.469	0.496	0.508	0.493	8
	四川	0.539	0.544	0.534	0.505	0.485	0.494	0.517	4
	贵州	0.479	0.498	0.501	0.464	0.426	0.489	0.476	12
	云南	0.516	0.513	0.525	0.466	0.445	0.455	0.487	11
	西藏	0.401	0.402	0.434	0.440	0.457	0.458	0.432	21
	平均	0.484	0.490	0.500	0.469	0.462	0.481	0.481	—
西北	陕西	0.491	0.510	0.508	0.466	0.477	0.479	0.489	10
	甘肃	0.451	0.465	0.450	0.443	0.473	0.473	0.459	18
	青海	0.365	0.359	0.475	0.446	0.483	0.487	0.436	20
	宁夏	0.356	0.356	0.353	0.334	0.373	0.368	0.357	30
	新疆	0.468	0.464	0.455	0.436	0.479	0.491	0.466	14
	平均	0.426	0.431	0.448	0.425	0.457	0.460	0.441	—
全国平均		0.442	0.440	0.454	0.426	0.449	0.450	0.443	

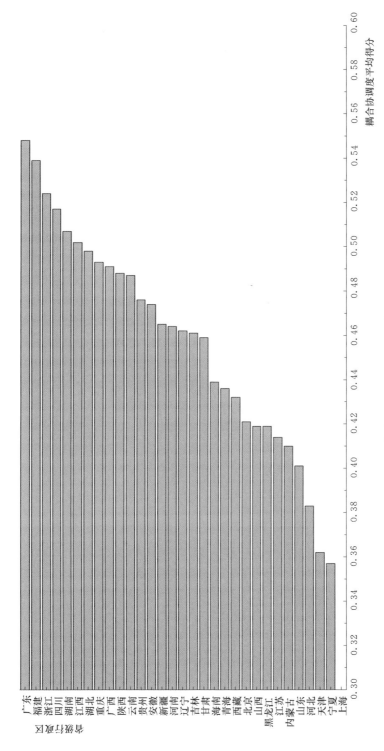

图 2-3 省域小水电发展水平耦合协调度排名

从区域层面来看，华南、华中、西南等地区耦合协调度的平均得分相对较高，华东、西北及华北地区则相对较低，后者与前者的平均得分相差 17.3%，差异主要体现在经济和资源两个领域，其中 A1、A2、A5、D1 和 D2 五个指标差异显著，前者与后者的同一指标相差达 4～10 倍。

华南地区：1990—2005 年，该地区小水电发展水平在波动中下降，且在 2005 年达到极小值，此后逐年稳步提高，其经济、社会及资源等领域发展相对均衡。其中，1995—2015 年，广东省小水电发展水平在波动中下降，但下降速度呈现减缓趋势，且分别在 1995 年、2010 年出现极大值；广东省作为中国小水电发展的排头兵，其耦合协调度虽有所下降，但一直位居全国第一位，综合发展水平相对较为稳定。1990—2005 年，广西、海南两省（自治区）小水电发展水平总体呈下降趋势，此后逐年稳步上升。

华中地区：1990—2005 年，该地区小水电发展水平下降，此后逐步上升，经济、资源领域优势突出。其中，1990—2005 年，河南、湖北两省小水电发展水平总体呈下降趋势，此后呈上升趋势；1990—2015 年，湖南省小水电发展水平在波动中下降，分别于 1995 年和 2010 年取得极大值和极小值，二者相差 10.4%。

西南地区：1990—2000 年，该地区小水电发展水平逐步上升，此后在波动中下降，且极大值与极小值相差 8.2%，该地区各领域发展相对均衡。1990—2000 年，重庆、贵州两省（直辖市）小水电发展水平稳步上升，其后，重庆市在 2005 年小水电发展水平降低，而贵州省降低趋势则持续到 2010 年，此后两省（直辖市）小水电发展水平又均呈上升趋势；1990—2010 年，四川省小水电发展水平在波动中下降，此后又逐步提升，其耦合协调度得分相对较高，平均分达 0.517，位列全国第四位；1990—2000 年，云南省小水电发展水平在波动中上升，此后在波动中下降，并于 2010 年出现极小值；1990 年起，西藏小水电发展水平逐步上升。

东北地区：1990—2000 年，该地区小水电发展水平逐年稳步提升，2000—2015 年期间，呈波动趋势。辽宁省小水电发展水平与东北地区整体趋势较为相似；1990—2000 年，吉林省小水电发展水平逐年上升，2000—2015 年，呈现先下降后逐步上升的趋势，且于 2005 年出现极小值；黑龙江省小水电发展水平较东北地区平均水平低 6.3%，总体呈波动趋势。

华东地区：1990—2015 年，该地区小水电发展水平呈现整体波动中略有下降。若不计上海市（辖区内无小水电），该地区耦合协调度将提高 17%。地区内经济、社会领域优势显著。其中，江苏、山东两省，因水能资源禀赋较差造成 D1、D2 两个指标排名较为靠后。安徽省 1990—2015 年期间小水电发展水平表现为波动中上升趋势；1990—2000 年，浙江、福建两省小水电发展水平稳步上升，此后呈现下降趋势；1990—2005 年，江西省小水电发展水平呈现波动中下降趋势，且于 1995 年出现极大值。

西北及华北地区：1990—2015 年，这两个地区大部分省级行政区小水电发展水平在波动中小幅上升，部分省级行政区略有下降。地区内经济、资源领域劣势凸显，但社会领域发展较好。其中，1990—2005 年，北京、天津、山西、陕西、甘肃、宁夏、新疆等地小水电发展水平略有下降，此后随着经济、社会领域发展水平的逐步提高，陕西、甘肃、宁夏、新疆小水电发展水平亦逐渐上升；而北京、天津、山西小水电发展水平则呈现波动趋势；1990—2015 年，河北、青海两省小水电发展水平呈现波动中上升趋势；1990—2005 年，内蒙古自治区的小水电发展水平逐年下降，此后表现为波动趋势。

三、β 收敛性分析

在对中国重要时间节点省域小水电发展水平进行分析的基础上，对中国省域小水电发展水平的变化趋势作出客观研判。

从绝对 β 收敛估计结果可以看出，全国层面小水电发展水平存在共同的绝对收敛特征，说明全国各省级行政区小水电的综合发展水平总体上趋于接近。其中，华东、华中、华南、西南等地区满足绝对 β 收敛，且收敛特征较为明显，表明这些地区相关省级行政区的小水电发展水平差距缩小趋势显著，且在经济和社会领域表现为较强的收敛性。从资源领域来看，各地区的收敛性从大到小依次为华中地区、华东地区、西南地区、华南地区，且西南地区和华南地区表现为发散；从生态环境领域来看，四个地区均发散，表明其生态环境领域发展差距愈发显著。华北、东北、西北等三个地区表现为发散，表明这些地区省级行政区间小水电发展水平差距呈现扩大趋势，且这种差距亦主要由资源和生态环境领域造成。

从条件 β 收敛估计结果可以看出，全国层面小水电发展水平满足条件 β 收敛，表明中国各省级行政区小水电发展水平向着各自的稳态水平趋近，如图 2-4 所示。其中，华东、东北、华中等地区表现出较为明显的收敛特征，且这些地区的资源和生态环境领域收敛性显著。而华南、西北、华北、西南等地区收敛趋势则稍显缓慢，在华北、西北地区该差距主要由经济和生态环境领域造成，在华南及西南地区则主要由经济和资源领域差距引起。

基于上述分析，在中国小水电发展水平差距总体缩小的背景下，部分地区小水电发展水平仍存在差距扩大趋势，但各地区小水电发展水平均已趋向自身稳态水平。从长期来看，囿于资源和生态环境领域，不同省级行政区小水电发展水平的差距将持续存在。

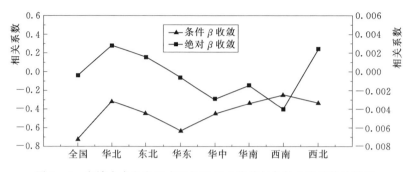

图 2-4　省域小水电发展水平的绝对 β 收敛与条件 β 收敛估计结果

四、聚类分析

对经济、社会、生态环境、资源等领域及耦合协调度得分进行聚类分析，由 1990 年、1995 年、2000 年、2005 年、2010 年、2015 年等六年的截面数据得到三大类聚类结果（图 2-5）：以北京、天津、河北为代表的省级行政区，其生态环境、社会领域优势明显，但资源和经济领域相较其他省级行政区处于劣势，耦合协调度较低，将其命名为欠协调区；以广东为代表的省级行政区，其经济、社会、生态环境及资源等四个领域发展较为协调，耦合协调度较高，将其命名为高度协调区；介于欠协调区和高度协调区之间的，称为相对协调区。在此基础上，将中国省域小水电发展空间格局演变过程划分为以下三个阶段：

（1）1990—2000 年，小水电发展水平波动上升期。这一时期，全国小水电发展水平在经济、资源、生态环境领域得分分别升高 13.9%、0.3% 和 20.5%，社会领域得分降低 4.4%；全国和欠协调、相对协调及高度协调三大分区的耦合协调度分别增加了 2.86%、6.25%、1.95% 和 5.02%。聚类结果显示：1990—2000 年，江西、湖北、广西、贵州等地由相对协调区演变为欠协调区，陕西省则由欠协调区上升到相对协调区；广东、浙江、福建等省级行政区各领域优势显著且相对稳定，一直位于高度协调区。在全国小水电发展水平逐步提高的背景下，欠协调区内省级行政区数量的增加，是因为欠协调区中新增省级行政区的小水电发展水平增速落后于全国其他省级行政区。

（2）2000—2005 年，小水电不平衡、不协调发展期。这一阶段，全国小水电发展水平在经济、社会、生态环境、资源等四大领域得分各降低 21.4%、38%、20.1% 和 4.5%，全国和欠协调、相对协调及高度协调三大分区的耦合协调度分别下降了 5.93%、8.66%、8.85% 和 2.15%。聚类结果显示：以广东、浙江、福建等为代表的高度协调区相对稳定。处于欠协调区的省级行政区

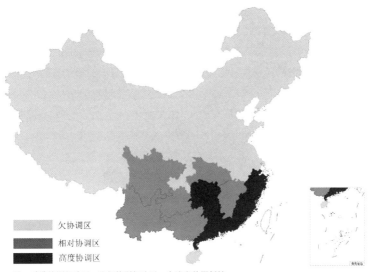

注：香港特别行政区、澳门特别行政区、台湾省数据暂缺。

(a) 1990 年

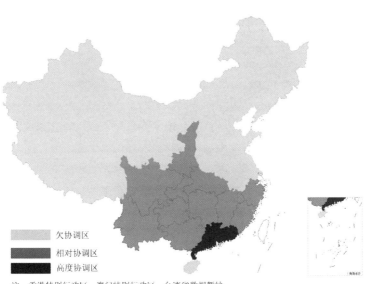

注：香港特别行政区、澳门特别行政区、台湾省数据暂缺。

(b) 1995 年

图 2-5（一） 各节点年中国小水电发展水平聚类

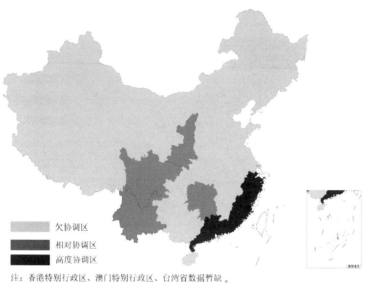

 欠协调区

相对协调区

高度协调区

注：香港特别行政区、澳门特别行政区、台湾省数据暂缺。

（c）2000 年

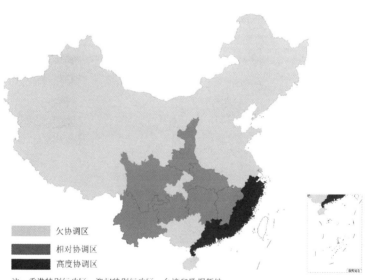

欠协调区

相对协调区

高度协调区

注：香港特别行政区、澳门特别行政区、台湾省数据暂缺。

（d）2005 年

图 2-5（二） 各节点年中国小水电发展水平聚类

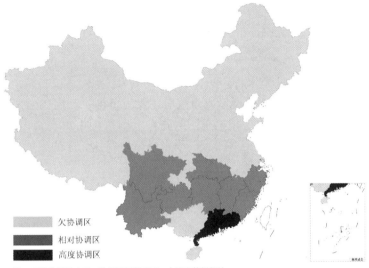

注：香港特别行政区、澳门特别行政区、台湾省数据暂缺。

（e）2010 年

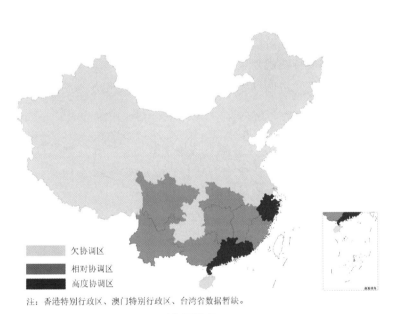

注：香港特别行政区、澳门特别行政区、台湾省数据暂缺。

（f）2015 年

图 2-5（三）　各节点年中国小水电发展水平聚类

数量亦相对稳定，仅湖北、贵州、江西等省级行政区由欠协调区转为相对协调区，使得相对协调区在经济和资源领域的优势明显加强。

该时期，随着政府对"三农"问题的日益重视，水电农村电气化县建设继续加速推进，农村电网改造、"送电到乡光明工程"等一系列项目大力实施，A2、A1、B1 和 D2 四个指标增长较快（分别增长 51.05%、41.14%、44.66%和36.45%），而其余指标或为微增，或为负增长。因民营资本准入门槛降低，以及为进一步解决"用电荒"问题，全国范围内出现诸多"无立项、无设计、无验收、无管理"的"四无"小水电站，快速无序的发展造成了这一时期小水电发展格局的不平衡、不协调。

（3）2005—2015 年，小水电发展水平稳步上升期。这一时期，小水电发展水平在经济、生态环境两个领域得分各升高 12.8%、24.8%，社会领域得分先降后升，资源领域得分表现为波动中下降的趋势。耦合协调度整体升高，全国、欠协调区及相对协调区的耦合协调度分别增加 5.57%、8.80% 和 3.93%，高度协调区则下降 0.97%。聚类结果显示：福建省由高度协调区回归相对协调区，广西壮族自治区由欠协调区上升为相对协调区，贵州、陕西两省则由相对协调区重返欠协调区，其余省级行政区的小水电发展水平基本稳定。欠协调区各领域维持平衡，相对协调区在经济、社会、生态环境及资源等四大领域优势均有所提升，而广东省作为高度协调区，在经济及社会领域的优势弱化，生态环境及资源领域的优势凸显，耦合协调度略有下降。

此阶段，基于对上一阶段问题的反思，中国小水电发展更加重视协调保护与发展的关系，转变传统规划观念。经济、社会、生态环境、资源等四领域发展差距逐步缩小，耦合协调度较第一阶段更高，小水电发展格局更趋协调。

五、重心分析

利用计算所得1990—2015 年耦合协调度数据，结合各省级行政区的重心数据，可得全国小水电发展水平重心迁移轨迹，如图 2-6 所示。1990—2015 年，中国小水电发展水平重心总体向西北方向移动。

1990—2000 年，小水电发展水平重心经过多次变动之后，重心仅向东北方向移动 3.46km，位移较小。其中，1990—1992 年，重心向东南偏东方向移动 31.87km；次年，重心又快速回迁；1993—1995 年，重心略向西南偏西方向移动 3.25km；1995—1997 年，重心向西北偏西方向移动 9.50km；1997—2000 年，重心向东北偏东方向移动 15.82km。

2000—2005 年，重心向西南偏西方向偏移 8.07km。其中，2000—2001 年，重心往西南方向移动 25.56km；2001—2005 年，重心向东北方向移动 19.86km，期间重心移动相对较为集中。

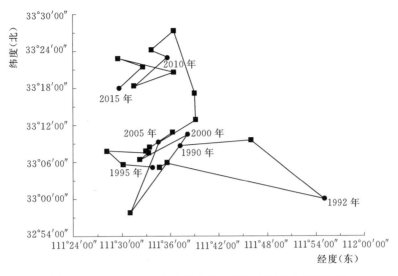

图 2-6　1990—2015 年中国小水电发展水平重心迁移轨迹

2005—2015 年，小水电发展水平重心总体先往北移动，其后再向西南移动，总体向西北偏北方向移动 18.93km。其中，2005—2010 年，重心向东北偏北方向移动 27.41km，期间 2005—2006 年，重心往东移动 12.19km；2010—2015 年，重心向西南偏西方向移动 13.13km。

通过计算全国与各地区小水电发展水平重心迁移距离的相关性可知（图 2-7）：1990—2015 年，全国小水电发展水平重心迁移距离与华东地区相关性最高，相关系数高达 0.86；与东北地区相关性最低，相关系数仅 0.20。

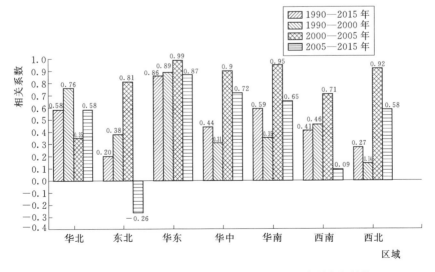

图 2-7　全国与各地区小水电发展水平重心迁移距离相关性

1990—2000 年，全国小水电发展水平重心迁移距离与华东地区的相关系数最高，为 0.89；与西北地区的相关系数最小，仅 0.14。2000—2005 年，全国小水电发展水严重心迁移距离与华东、华南地区的相关系数高达 0.99、0.95，与华北地区相关性较低，相关系数仅 0.35。2005—2015 年，全国小水电发展水平重心迁移距离与华东、华中地区的相关系数较高，且均为正相关，分别为 0.87、0.72，与东北地区呈负相关，负相关系数为 0.26。对中国省域小水电发展水平空间格局演变的三个阶段重心迁移距离相关性进行对比，可发现 2001—2005 年，这一时期作为中国小水电发展水平的不平衡、不协调阶段，其重心移动与各地区相关性均较其他阶段高，由此证明该阶段中国各地区的小水电发展较为活跃。

第四节　中国小水电发展布局研究

从时间和空间两个维度，深入剖析中国省域小水电发展水平时空演变规律。其中，从时间维度研判中国省域小水电发展水平的演变格局并对中国省域小水电发展水平有一个整体的认识。从国家层面来看，耦合协调度的变化幅度总体不大，小水电发展水平在持续波动中略有上升。从区域层面来看，华南、华中、西南等地区耦合协调度的平均得分相对较高，华东、西北及华北地区则相对较低。从省级层面来看，排名较为靠前的省级行政区为广东、福建、浙江、四川、湖南等，且大多位于华南、华东及华中、西南等地区，而山东、河北、天津、宁夏、上海等省级行政区排名较为靠后，大多位于华北、西北及华东的部分水能资源较为欠缺的地区。基于上述分析，在中国小水电发展水平差距总体缩小的背景下，华北、东北及西北的"三北"地区小水电发展水平仍存在差距，但各地区小水电发展水平已趋向自身的稳态水平。从长期来看，囿于资源和生态环境领域，这种差距将持续存在。

从空间分布格局角度分析，中国省域小水电经历了发展水平波动上升期、不平衡、不协调发展期和发展水平稳步上升期三个阶段，且每个阶段均表现出不同的发展特点。在波动上升期，全国小水电发展水平重心位移相对较小，在经济、资源、生态环境领域得分上升，而社会领域得分降低；在不平衡、不协调发展期，与上阶段相比，重心的移动轨迹总体向西南方向偏移，且四个领域得分均呈下降趋势；在稳步上升期，重心总体向西北方向偏移，且在经济、生态环境两个领域得分升高，社会领域得分先降后升，资源领域得分在波动中下降。随着中国对协调保护与发展关系的重视以及传统规划观念的转变，经济、社会、生态环境、资源等四个领域发展水平差距逐步缩小，且小水电发展格局逐趋协调。

需要强调的是，本书研究并不是为了给中国各省级行政区小水电发展水平排名，不能简单得出得分高的省级行政区比得分低的省级行政区小水电发展水平高。其目的在于弄清中国农村水电的区域发展格局，以便分区、分类施策。

鉴于此，在本书研究结果的基础上，将各省级行政区的小水电发展水平进行分类，依据是：①经济、社会、生态环境及资源等四个领域是否相对协调；②绝对 β 收敛估计结果中各省级行政区小水电的综合发展水平是否趋于接近；③全国与各地区小水电发展水平重心迁移距离的相关性是否大于 0.5。分类结果见表 2-4 和图 2-8。

表 2-4 各省级行政区小水电发展水平综合分类

聚类结果	类别	绝对 β 收敛	重心移动相关性划分	省　　份
高度协调区	1	收敛	高（>0.5）	广东、浙江
相对协调区	2	收敛	高（>0.5）	福建、江西、广西
	3		低（<0.5）	湖北、湖南、四川、云南
欠协调区	4	收敛	高（>0.5）	上海、江苏、安徽、山东、海南
	5		低（<0.5）	河南、重庆、贵州、西藏、
	6	发散	高（>0.5）	北京、天津、河北、山西、内蒙古、黑龙江、吉林、辽宁、山西、甘肃、青海、宁夏、新疆
	7		低（<0.5）	

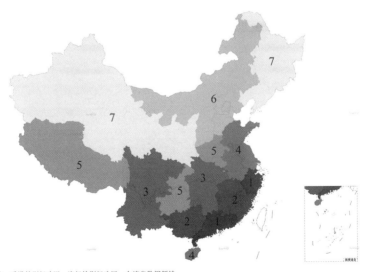

注：香港特别行政区、澳门特别行政区、台湾省数据暂缺。

图 2-8 各省级行政区小水电发展水平综合分类

根据上述各省级行政区小水电发展水平的分类特点，中国应加快转变小水电发展方式，因地施策，推动小水电行业进一步发展。

（1）对处于高度协调区的广东省（第 1 类）以及处于相对协调区的浙江、福建等省级行政区（第 2 类），应将绿色发展理念贯穿始终，积极发挥其在小水电行业的引领作用，严格控制新建小水电审批工作，努力做好存量小水电管理工作。建议开展小水电安全生产标准化建设，提高安全生产标准化水平；在此基础上，积极融入"互联网＋"思维，打造小水电智慧管理平台，发展基于云计算大数据的小水电信息挖掘以及电力智能预测业务，建立小水电智慧管理新模式。

（2）对处于相对协调区和欠协调区且相关性较低的湖北、湖南、四川、云南、河南、重庆、贵州、西藏等省级行政区（第 3、第 5 类），因其水能资源较为丰富，建议进一步优化小水电发展布局，在绿色小水电发展理念的引领下，积极开展小水电增量工作，建立"国家扶持、市场运作、贫困户持续收益"的小水电精准扶贫模式，补齐这些地区在经济、社会和生态环境领域的短板，增强合力，提高省域小水电发展的耦合协调度，促进其向小水电发展水平的高度协调区转变。

（3）对处于欠协调区、内部发展水平已趋向稳态水平且相关性较低的华北、东北及西北等"三北"地区的 13 个省级行政区（第 6、第 7 类）以及处于相对协调区且相关性较高的海南、安徽、山东等省级行政区（第 4 类），应重点加强存量小水电管理工作，并加快推进向小水电的标准化、信息化及智能化管理转型的步伐。

第三章

中国小水电安全生产标准化

第一节　小水电安全生产标准化概念

一、小水电安全生产标准化提出的背景

安全生产标准化是在传统安全文化的基础上，采用 PDCA 循环的管理方法，整合了现行有效的安全生产管理的法律、行政法规、部门规章，形成的一种具有中国特色的安全生产管理模式。通过建立安全生产责任制，制定安全管理制度和操作规程，排查治理隐患和监控重大危险源，建立预防机制，规范生产行为，使各生产环节符合有关安全生产法律法规和标准规范的要求，人、机、物、环处于良好的生产状态，并持续改进，不断加强企业安全生产规范化建设（轩玮，2015；房珂蕙，2016）。2010 年 4 月，国家安全生产监督管理总局在总结相关行业企业开展安全生产标准化工作的基础上，结合我国国情及生产经营单位安全生产工作的共性要求和特点，制定了安全生产行业标准《企业安全生产标准化基本规范》（AQ/T 9006—2010），2016 年，对《企业安全生产标准化基本规范》（GB/T 33000—2016）进行了修订，对开展安全生产标准化建设的核心思想、基本内容、形式要求、考评办法等方面进行了规范。该规范得到了各行业的广泛认可，也成为有关行业制定安全生产标准化标准、实施安全生产标准化建设的基本要求和核心依据，促进了安全生产标准化建设工作的规范化、系统化、科学化，使我国安全生产标准化建设工作进入了一个新的发展时期。

水利部从水利行业实际出发，积极推进水利安全生产标准化达标建设工作，考虑到水利生产经营活动主要为水利工程建设和运行管理，结合水利生产安全事故风险分析结果，将以"岗位达标、专业达标和企业达标"为内容的标准化达标建设工作，创新为"岗位达标、专业达标和单位达标"，确定水利安全生产标准化建设主体为水利工程项目法人、水利水电施工企业、水利工程管理单位和农村水电站。印发了《水利行业深入开展安全生产标准化建设实施方案》，制定并施行了《水利安全生产标准化评审管理暂行办法》及其实施细则、

《农村水电站安全生产标准化达标评级实施办法（暂行）》和《水利工程项目法人安全生产标准化评审标准》、《水利水电施工企业安全生产标准化评审标准》、《水利工程管理单位安全生产标准化评审标准》、《农村水电站安全生产标准化评审标准》。

小水电安全生产标准化是水利安全生产标准化中的重要内容，是水利生产单位安全生产工作满足国家安全生产法律法规、标准规范要求，落实主体责任的重要途径，也是水电经营单位安全管理的自身需求（陈启军等，2015）。水利生产在标准化建设过程中，重在建设和自评。通过建立健全各项安全生产制度、规程、标准等，在实际生产过程中贯彻执行，并经过自我检查、自我纠正和自我完善的过程来实现自主建设工作。

农村水电点多面广，多为社会投资者自主经营，体制性问题依然存在，违规水电站安全隐患还未消除，大量水电站安全生产处于不规范状态，安全事故特别是垮坝、坍塌等重大事故还时有发生（舒静等，2015）。为解决小水电存在的安全监管不到位的问题，水利部原水电局根据水利安全标准化总体要求，请示水利部领导同意，单独制定并出台《农村水电站安全生产标准化达标评级实施办法》和《农村水电站安全生产标准化评审标准》，作为《水利安全生产标准化评审管理暂行办法》的配套文件。2011 年 10 月，在《农村水电站安全管理分类及年检办法》基础上组织起草，并形成初稿；2012 年 7—12 月，广泛征求意见，组织专家审查；2013 年 4 月，选取河北、吉林等 6 省的 17 座农村水电站开展试评审，并根据试评审进行了修改完善；2013 年 8 月，征求水利部安监司、政法司、建管司和水利企协等单位意见后，再次对《农村水电站安全生产标准化达标评级实施办法》进行了修改完善，形成了批报稿；2013 年 9 月，《农村水电站安全生产标准化达标评级实施办法》及评审标准以水电〔2013〕379 号文正式出台。

2019 年，为进一步规范和完善农村水电站安全生产标准化评审工作，提升农村水电安全生产管理水平，根据《企业安全生产标准化基本规范》（GB/T 33000—2016）等有关规定，水利部组织对 2013 年的《农村水电站安全生产标准化评审标准（暂行）》进行了修订，形成了《农村水电站安全生产标准化评审标准》。通过建设标准化电站，使得电站设备设施更加可靠、安全意识更加到位、生产运行更加科学，最终实现有效预防控制风险、提升电站安全管理水平的目标。

二、小水电安全生产标准化评审标准

《水利工程项目法人安全生产标准化评审标准》《水利水电施工企业安全生产标准化评审标准》《水利工程管理单位安全生产标准化评审标准》和《农村

水电站安全生产标准化评审标准》均采用一致的树状框架结构，按照一级项目、二级项目、三级项目、评审方法及评分标准四个层次编制。下一级项目是对上一级的细分，考核点落实在三级项目上。

一级项目设置了 8 项，包括目标职责、制度化管理、教育培训、现场管理、安全风险管控及隐患排查治理、应急管理、事故管理和持续改进。

二级项目是对一级项目的分解。水利工程项目法人评审标准设置了 28 个二级项目，水利水电施工企业评审标准设置了 28 个二级项目，水利工程管理单位评审标准设置了 28 个二级项目，农村水电站评审标准设置 28 个二级项目（四个评审标准均设置了 28 个二级项目）。

三级项目是对二级项目的进一步分解，为考核点。水利工程项目法人评审标准设置了 141 个三级项目，水利水电施工企业评审标准设置了 149 个三级项目，水利工程管理单位评审标准设置了 126 个三级项目，农村水电站评审标准设置了 112 个三级项目。

农村水电站安全生产标准化评审标准框架如图 3-1 所示。

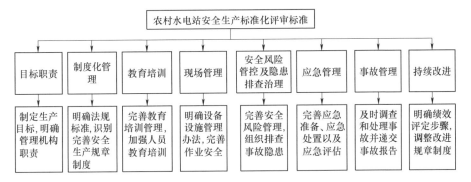

图 3-1　农村水电站安全生产标准化评审标准框架图

三、小水电安全生产标准化的重要步骤

小水电安全生产标准化的重要步骤如下：

（1）建设：按照安全生产标准化的要求建设水电站并执行有效的规章制度。

（2）运行：建成水电站后进行试运行以便纠正问题。

（3）检查：定期对水电站进行设备检查及维护。

（4）达标评级：按照小水电安全生产标准化的规定对电站进行达标评级。

（5）评审定级：按照小水电安全生产标准化的规定对电站进行评审定级。

（6）持续改进：不断完善和提升水电站安全生产水平，及时修订各管理制度。

其中，评审定级仅仅是检验建设效果的手段之一，不是安全生产标准化建设的最终目的。建设工作不是简单整理文件的过程，而是根据安全生产规章制度，长期有效实施运行，不可能一蹴而就。而在评审定级之后，每年各单位都需要通过自评和改进，不断提升建设效果。

对安全生产标准化一级单位要重点抓巩固，在运行过程中不断提高发现问题和解决问题的能力；二级单位要着力抓提升，在标准化评审定级并运行一段时间后鼓励向一级单位提升；三级单位要抓改进，对于建设、自评和评审过程中存在的问题、隐患要及时进行整改，不断提高单位安全绩效，做到持续改进。评审标准也要与时俱进，根据小水电安全生产状况，学习借鉴国际上先进的安全管理理念和方法，不断进行修订、完善和提升。

第二节 小水电安全生产标准化指标内涵

一、构建小水电安全生产标准化的目标

小水电作为一种清洁可再生能源，对环境本应是无害的，因此迫切需要有关部门从绿色发展理念出发，科学、全面、客观评估农村水电在新时代新要求下对生态环境的影响，制定农村水电站生态建设预案和相应的措施。进行小水电安全生产标准化，一是可以扭转社会上对农村水电站"小、脏、乱、差"的不利印象，符合新时代"人民对美好生活的向往"的新需求；二是确实能提升农村水电站的安全生产管理水平、消除安全隐患；三是能有效减少行业管理成本。

二、构建小水电安全生产标准化指标体系的基本原则

评价小水电安全生产标准化需要有一套明确的量化指标，指标体系的建立是其中的核心部分，是关系到评价结果可信度的关键因素。构建科学合理的小水电安全生产标准化指标体系应遵循以下四个原则：

（1）可操作性：即指标的设计要求概念明确，定义清楚，易于采集数据与收集情况，要考虑现行科技水平。同时指标的内容不应太繁太细，过于庞杂与冗长。同时评价应当依据小水电发展的内在规律，结合数据可得性，选取关键因子，设定合适的评价标准。

（2）系统性：即应将整个评价指标视为一个整体，增强指标体系的系统性。

（3）科学性：即在使用指标体系进行评价时，要有科学的理论做指导，并将理论和实践相结合，使指标体系能够在基本概念和逻辑结构上严谨、合理，

同时抓住评价对象的实质并具有针对性。

（4）引导性：即在使用指标体系进行评价时，评价的目的不仅仅是评出名次及优劣的程度，更重要的是引导和鼓励被评价对象向正确的方向和目标发展。

三、构建小水电安全生产标准化指标的途径

为进一步落实农村水电站安全生产主体责任，规范农村水电站安全生产标准化建设达标评级工作，根据《国务院关于进一步加强企业安全生产工作的通知》（国发〔2010〕23号）、《国务院安委会关于深入开展企业安全生产标准化建设的指导意见》（安委〔2011〕4号）、水利部《关于印发水利行业深入开展安全生产标准化建设实施方案的通知》（水安监〔2011〕346号）和《水利部关于印发〈水利安全生产标准化评审管理暂行办法〉的通知》（水安监〔2013〕189号），结合我国农村水电行业特点，水利部农村水电及电气化发展局和国际小水电中心共同制定了《农村水电站安全生产标准化达标评级实施办法（暂行）》。

该办法适用于已投入运行、单站装机容量为5万kW及以下水电站的安全生产标准化达标评级工作，各级水行政主管部门负责农村水电站安全生产标准化达标评级管理和监督。农村水电站安全生产标准化评审项目包括：目标职责、制度化管理、教育培训、现场管理、安全风险管控及隐患排查治理、应急管理、事故管理和持续改进等8项。

构建小水电安全生产标准化的两条具体途径分别是制定安全生产标准化等级和进行农村水电站安全生产标准化达标评级。

1. 制定安全生产标准化等级

安全生产标准化等级是体现农村水电站安全生产管理水平的重要标志，可作为业绩考核、行业表彰、信用评级以及市场竞争能力评价的重要参考依据。

农村水电站安全生产标准化达标评级依据《农村水电站安全生产标准化评审标准》（以下简称《评审标准》）进行评分，评审得分＝[各项得分之和/（1000－各合理缺项标准分值之和）]×100。最后得分采用四舍五入，保留一位小数。其中，实得分为评分项目实际得分之和，应得分为对应评分项目的标准分值之和。依据评审得分，农村水电站安全生产标准化等级分为一级、二级和三级。分级标准如下：

一级：评审得分大于等于90分。

二级：评审得分小于90分、大于等于75分。

三级：评审得分小于75分、大于等于65分。

评审得分小于65分或存在否决项的，为不达标。

水利部安全生产标准化评审委员会负责农村水电站安全生产标准化一级评

审的指导、管理和监督，具体工作由水利部农村水利水电司承担。

各省（自治区、直辖市）人民政府水行政主管部门可结合实际制定本地区评审细则，开展农村水电站安全生产标准化二级、三级的评审工作。农村水电站安全生产标准化一级等级证书有效期为 5 年；二级、三级等级证书有效期为 3 年。有效期满前 3 个月，农村水电站企事业单位应重新申报，同时应按照《评审标准》每年开展安全生产自查自评，并针对自查发现的问题及时整改，自评和整改结果作为申报依据。

2. 进行农村水电站安全生产标准化达标评级

农村水电站安全生产标准化达标评级主要包括自评、申报、组织评审单位受理审查、开展外部评审、审定评审结果、公示公告与颁证等环节。申请安全生产标准化达标评级的农村水电站企事业单位应当具备以下基本条件：

（1）企业营业执照或事业单位法人证书合法有效。

（2）坝高 15m 以上或库容 100 万 m^3 以上水库大坝按规定注册登记。

（3）按照《农村水电站技术管理规程》（SL 529—2011）实施技术管理。

（4）评审前一年内未发生人身死亡的生产安全责任事故、较大以上电力设备事故或发生事故后已按"四不放过"原则完成处理，未发生对社会造成重大不良影响的安全生产事件。

（5）近三年内无违反安全生产法律法规行为。

农村水电站企事业单位应按照《评审标准》要求，组织开展安全生产标准化建设，自主开展等级评定，形成自评报告。自评报告主要内容包括单位概况、安全生产管理状况、基本条件的符合情况、自主评定工作开展情况、自评打分表、自主评定结果、发现的主要问题、整改计划和措施、整改完成情况等。在自评基础上，农村水电站企事业单位向有管辖权的人民政府水行政主管部门提出达标评级的书面申请。申请材料包括申请表和自评报告。

组织评审的水行政主管部门自收到农村水电站企事业单位申请材料之日起，应在 5 个工作日内完成材料审核，并将结果告知申请单位。主要审核以下两方面内容：

（1）农村水电站是否符合申请条件。

（2）自评报告是否符合要求，内容是否完整。

对符合申请条件但材料不完整或存在疑问的，要求申请单位予以补充或说明。申请单位在接到告知 15 个工作日内未提供补充或说明材料的，视为放弃申请。对不符合申请条件的，退回申请材料。同一单位再次提出申请时间间隔应不少于半年。

审核通过的，通知农村水电站企事业单位委托评审机构开展外部评审工作。评审机构接受农村水电站企事业单位委托后应按照《评审标准》对农村水电站进行现场评审打分，并在现场评审结束后 15 个工作日内向委托单位出具评审报告，其主要内容包括被评审单位概况、安全生产管理绩效、评审情况、得分情况、评审打分表（作为附件）、存在的主要问题及整改建议、推荐性评审意见、现场评审人员组成及分工等。

承担农村水电站安全生产标准化一级评审的评审机构应当具备以下条件：

（1）具有独立法人资格，能够客观、公正、独立、规范地开展达标评级工作。

（2）有与其开展工作相适应的固定工作场所、办公设备和管理制度等基础条件。

（3）具有农村水电站安全生产标准化达标评级所需的专业技术力量，拥有 10 名以上符合条件的行业评审专家，其中水工、金结、机电专业均不少于 2 名专家。

（4）在省级以上区域具有较高的行业公信度，并经主管单位批准。

承担农村水电站安全生产标准化二级和三级评审的评审机构应具备的条件由省级人民政府水行政主管部门参照本条件制定。

2010 年 4 月 15 日，国家安全生产监督管理总局在总结相关行业企业开展安全生产标准化工作的基础上，结合我国国情及生产经营单位安全生产工作的共性要求和特点，制定了安全生产行业标准《企业安全生产标准化基本规范》（AQ/T 9006—2010），对开展安全生产标准化建设的核心思想、基本内容、形式要求、考评办法等方面进行了规范。2017 年 4 月 1 日，新版《企业安全生产标准化基本规范》（GB/T 33000—2016）正式实施。该标准由国家安全生产监督管理总局提出，全国安全生产标准化技术委员会归口，中国安全生产协会负责起草。该规范实施后，《企业安全生产标准化基本规范》（AQ/T 9006—2010）废止。新规范突出了企业安全管理系统化要求，调整了企业安全生产标准化管理体系的核心要素，同时还提出了安全生产与职业健康管理并重的要求，该标准一经实施便得到了各行业的广泛认可，也成为有关行业制定安全生产标准化标准、实施安全生产标准化建设的基本要求和核心依据，促进了安全生产标准化建设工作的规范化、系统化、科学化，使我国安全生产标准化建设工作进入了一个新的发展时期。

3. 浙江省农村水电站安全生产标准化评审指标

为积极响应水利部的最新政策，浙江省水利厅于 2018 年 4 月修订了浙江省农村水电站安全生产标准化评审标准，见表 3-1。该标准适用于浙江省农村水电站安全生产标准化二级、三级的评审，并设置有 8 类共 66 项评审内容，按 1000 分设置得分点，实行扣分制。在评审内容中有多个扣分点的，可累计扣分，直到该项标准分值扣完为止，不出现负分。

表3-1　　　　浙江省农村水电站安全生产标准化评审标准表

类别		内　容	标准分值	评审方法及评分标准
1目标职责（110分）	1.1安全生产目标（20分）	1.1.1建立健全安全生产目标管理制度	5	无安全生产目标管理制度，不得分； 目标的制定中，安全事故控制指标、安全生产隐患排查治理目标不清，不得分； 目标的分解、控制、考核等内容不明确，年度考核不完善，每项扣1分
		1.1.2组织逐级签订年度安全生产责任书	5	未逐级签订安全责任书，不得分； 有缺ငই或漏签，不得分
		1.1.3定期对安全生产目标的完成情况进行监督，开展安全生产目标年终考核	10	无安全生产目标监督记录，不得分； 未完成年度安全考核，不得分； 记录不完善，每项扣2分
	1.2组织机构和职责（30分）	1.2.1成立电站安全生产管理机构或管理领导小组	10	未成立安全生产管理机构或管理领导小组，不得分； 管理机构设置不合理，扣5分； 机构成员不完整，每人扣2分
		1.2.2岗位设置及人员配备应符合《农村水电站管理规范》（DB33/T 2008）规定的定岗定员要求	10	岗位设置不全，缺少一岗扣2分； 人员配备不足，缺少1人扣2分
		1.2.3电站安全生产和职业卫生职责、权限和考核内容清楚，并定期（每季度不少于1次，包括汛前、汛后）召开安全生产会议	10	未明确相关职责，不得分； 职责设置不合理，扣2分； 未每季度召开安全生产会议并进行考核，不得分； 缺少汛前、汛后安全生产会议，每项扣2分； 会议记录不规范、考核不完整，扣2分
	1.3安全生产投入（60分）	1.3.1制定年度大修费、运行维护费和安全生产管理专项经费支出计划（经费预算）。安全生产费用科目包括安全标志、安全工器具、安全设备设施、安全防护装置、安全教育培训、劳动保护、反事故措施、安全检测、安全评价、安全保卫、安全生产标准化建设实施及维护	30	未制定年度安全生产管理专项经费支出计划（经费预算），不得分； 大修理费支出计划制定不合理，扣5分； 运行维护费支出计划制定不合理，扣5分； 专项经费支出计划（经费预算）制定不合理，扣10分
		1.3.2建立安全生产费用台账	30	未建立安全生产费用台账，不得分； 安全生产费用台账不完善，扣5分； 安全生产资金投入明显不足，扣10分

类别	内 容			标准分值	评审方法及评分标准
2 制度化管理（50分）	2.1配备适合电站运行管理的法律法规、标准规范并正式下发，包括《农村水电站运行管理技术规程》（DB33/T 809）、《农村水电站管理规范》（DB33/T 2008）、《农村水电站技术管理规程》（SL 529）、《水库大坝安全管理条例》（国务院令第77号）（有坝高15m以上大坝或库容10万m³以上水库时适用）等			10	未正式下发，每缺一份扣2分；配备过期或失效的法律法规、标准规范，每份扣2分
	2.2编制适合电站运行管理的岗位职责和安全生产规章制度并正式下发，包括工作票制度、操作票制度、运行值班制度、交接班制度、设备巡视检查制度、设备缺陷管理制度、设备定期轮换制度、设备检修管理制度、水工建筑物管理制度、电站安全管理制度等			20	岗位职责设置不合理，每项扣2分；岗位职责和安全生产规章制度未正式下发，每项扣2分
	2.3配备适合电站运行管理的机电设备、闸门及启闭机现场运行规程并正式下发			10	未正式下发或明显不合理，每项扣2分
	2.4严格规范文件和档案管理			10	文件和档案管理混乱，不得分；文件和档案未定点存放，扣5分
3 教育培训（60分）	3.1农村水电站从业人员须经岗位培训合格			15	上岗人员培训合格率低于80%，不得分；未经培训合格上岗，每人扣3分
	3.2定期学习法律法规与安全生产管理制度，熟悉站长（厂长）、值班长、值班员等岗位职责			20	未组织年度学习并形成记录，不得分；学习内容不完整，每项扣5分；经问询或考核对岗位职责不熟悉，每人次扣3分
	3.3特种作业人员需经相关行业主管部门许可的机构培训并合格			10	特种作业人员未经培训合格持证上岗，不得分
	3.4每年应制定培训计划，并按计划对在岗的从业人员进行安全生产教育培训，并组织不少于1次的安全生产考核			15	无培训、考核记录，不得分；未制订培训计划，扣5分
4 现场管理（550分）	4.1生产设备设施管理（350分）	4.1.1水工建筑物（80分）	4.1.1.1大坝等挡水建筑物应定期进行维护，坝面整洁，附属设施完整可靠；应定期观测，观测设施齐全，观测资料完整；应定期进行安全复核，安全鉴定结论中，坝体结构安全可靠、无异常渗漏	25	为电站配套的、功能以发电为主的大坝未按规定进行安全鉴定或鉴定为三类坝，不得评为达标；大坝未按规定进行注册，不得分；大坝未按安全鉴定意见完成整改，不得分；坝面不整洁、附属设施不完整、观测资料不完整、检查发现明显缺陷，每处扣5分；无巡查、观测记录，不得分

类别			内　容	标准分值	评审方法及评分标准
4 现场管理（550 分）	4.1 生产设施管理（350 分）	4.1.1 水工建筑物（80 分）	4.1.1.2 溢洪道、泄洪洞等泄水建筑物应定期进行检查和维护，结构完好	20	无巡查记录，不得分；检查中发现泄水建筑物流道壅堵、存在开裂或破损，每处扣 5 分
			4.1.1.3 隧洞、明渠、渡槽、压力前池等引（输）水建筑物应定期进行检查和维护，结构完好	20	无巡查记录，不得分；检查中发现隧洞山体存在漏水、明渠渠堤坍塌、渠内淤积、渡槽渗漏明显、压力前池挡墙开裂，每处扣 5 分
			4.1.1.4 压力管道、支墩与镇墩应定期检查和维护，结构完好	15	无巡查记录，不得分；混凝土管道表面露筋损伤、管道漏水、镇墩开裂、支墩破损，每处扣 5 分；情节严重，不得分
		4.1.2 金属结构（30 分）	4.1.2.1 压力钢管、闸门及其启闭机等金属结构应按规定进行维护	30	泄洪闸门未按规定进行启闭试验并进行记录，不得分；压力钢管、闸门及其启闭机外观锈蚀严重，每管段（扇、台）扣 10 分
		4.1.3 水力机械（50 分）	4.1.3.1 水轮机设备外观基本完好，轴承温度正常，无漏油、甩油现象，无严重漏水现象，停机制动安全可靠，水轮机控制系统调节性能良好。定期试验结果满足运行要求	25	维护、检修未进行记录，不得分；记录不翔实，每处扣 5 分；有相关缺陷，每处扣 5 分
			4.1.3.2 主阀关闭严密，传动灵活可靠，外观良好，启闭阀门时间符合要求	15	无主阀关闭时间定期检测记录或关闭时间严重偏离设计要求，不得分；主阀外观锈蚀、动作不到位，油压装置管路渗油、压力或油色油位异常，每处扣 5 分
			4.1.3.3 油气水系统各管道设置符合要求，防腐、防护良好，无明显渗漏	10	存在异常"跑、冒、滴、漏"，每处扣 2 分
		4.1.4 电气设备（80 分）	4.1.4.1 电气设备应按规程规定的周期进行维护、检修和试验	25	维护、检修未进行记录，不得分；无预防性试验记录，不得分；记录不翔实，每处扣 5 分
			4.1.4.2 发电机定、转子温度、温升符合规程要求，励磁装置工作正常。定期试验结果符合规范要求	10	有相关缺陷，每处扣 5 分

类别			内 容	标准分值	评审方法及评分标准
4 现场管理（550分）	4.1 生产设备设施管理（350分）	4.1.4 电气设备（80分）	4.1.4.3 变压器各部件应完整无缺，外观无明显锈蚀，本体无渗油，瓷瓶无损伤，油枕油色油位正常，吸湿剂正常，油温正常，安全距离符合规范要求，定期试验结果符合规范要求	10	有相关缺陷，每处扣5分
			4.1.4.4 开关及刀闸外观完整，电缆绝缘层良好，母线及构架结构完整	10	有相关缺陷，每处扣3分
			4.1.4.5 控制、保护装置完整可靠	10	有相关缺陷，每处扣3分
			4.1.4.6 防雷避雷设施配置齐全完整，接地装置以及接地电阻符合规程要求；防雷避雷装置及接地装置开展定期试验	10	有相关缺陷，每处扣3分
			4.1.4.7 通信系统无影响电力设备运行操作或电力调度的缺陷；直流系统蓄电池电压、对地绝缘、放电容量满足要求	5	有相关缺陷，每处扣1分
		4.1.5 设备设施运行管理（15分）	4.1.5.1 应根据运行规程做好设备的运行工况、变位、信号等的记录工作。及时记录故障和缺陷并报修	5	无设备运行记录，不得分；记录数据不满足安全运行需求，每项扣1分；缺陷未及时记录并报修，每项扣1分
			4.1.5.2 易损件应有库存备品，必要的常用工具应按运行要求配备	5	无常用的备品备件，不得分；常用工具配备不能满足运行要求，不得分
			4.1.5.3 特种设备应定期检测并合格	5	不能正常工作，或有安全隐患的不得分；无检测记录，不得分
		4.1.6 检修管理（15分）	4.1.6.1 检修计划合理、检修过程规范、检修记录清楚，设备缺陷处理满足设备管理要求	15	无大修计划，不得分；未严格执行检修管理制度，检修、试验记录不完整，每项扣3分

续表

类别	内　容			标准分值	评审方法及评分标准
4 现场管理（550 分）	4.1 生产设备设施管理（350 分）	4.1.7 更新改造管理（20 分）	4.1.7.1 当设施或设备安全性能严重降低时，不能依靠简单的维护、保养来达到安全运行的，应及时更新改造。运行 25 年及以上的电站宜进行更新改造或报废重建	15	未按要求进行更新改造或报废重建，不得分
			4.1.7.2 存在严重安全隐患或淘汰的产品应及时报废。已淘汰报废的设备应及时拆除，退出生产现场	5	已淘汰或存在严重安全隐患、无改造或维修价值的设备仍在生产现场使用，不得分；已淘汰报废的设备未及时拆除退出生产现场，每台扣 2 分
		4.1.8 文明生产管理（60 分）	4.1.8.1 发电厂房、升压站及启闭机房等应定期维护，结构完好，布置整洁	20	地面、墙体开裂严重，不得分；室内照明不足，物品或设备布置混乱、杂物堆砌，门窗破损，地面或墙体开裂、渗水，粉刷层剥落，每处扣 2 分
			4.1.8.2 管理、办公各功能区域划分有序、布置合理，室内布置整洁，设施齐全	15	主厂房或中控室兼作起居室，不得分；工具间、安全工器具存放处、档案室、办公室等区域划分不清、物品混放，每间（区域）扣 3 分；室内不整洁或设施不全，每处扣 2 分
			4.1.8.3 厂区整洁，绿化、美化措施良好，道路已硬化，照明设施完好，排水通畅，护坡挡墙完好，无家禽、家畜饲养	15	检查中发现问题，每处扣 3 分
			4.1.8.4 值班人员着装整齐、规范，并佩戴值班标志	10	存在穿拖鞋、高跟鞋、裙子值班，不得分；上班未佩戴值班标志，每人扣 5 分
	4.2 作业安全（120 分）		4.2.1 临边、沟槽、坑、孔洞、临水等处的防护设施（如栏杆、盖板、护板等）齐全规范，应急照明配置符合要求，紧急逃生通道畅通，机器的转动部分防护齐全、完整，电气设备金属外壳接地装置齐全、完好	30	安全设施不符合安全要求，每项扣 5 分

类别		内　容	标准分值	评审方法及评分标准
4 现场管理（550分）	4.2 作业安全（120分）	4.2.2 有消防措施，按消防规定配置消防器具并定期巡查记录；厂房配置的救生绳索、防毒面具、护目眼镜、绝缘靴、绝缘手套、安全帽等防护用品数量合理，定期试验合格；接地线、验电器、标示牌、防误锁、安全遮栏、绝缘杆等安全技术用具数量合理，定期试验合格	20	安全设施不符合安全要求，每项扣5分
		4.2.3 严格执行"两票三制"。核对操作票、工作票的内容和设备名称，加强操作监护并逐项进行操作。交接班人员按要求做好交接班准备工作，填写各项记录，办理交接班手续。认真监视设备运行工况，按规定时间、内容及线路对设备进行巡回检查，随时掌握设备运行情况，合理调整设备状态参数，及时处理设备异常情况。按规定时间和方法做好设备定期轮换和试验工作，做好相关记录	40	"两票"执行率未达到100%的，不得评为达标； 无交接班记录，不得分； 无巡回检查记录，不得分； 操作票、工作票不合格，每张扣5分； 设备定期轮换和试验工作未执行或执行不到位，扣5分； 记录不完整、不翔实，每次扣2分
		4.2.4 应有与规章制度相配套的记录、表格。重要记录包括值班记录（含调度命令、设备操作、事故故障情况及处理、巡查结果、交接班情况等内容）、设备检修、电气设备预防性试验、电气绝缘工具和安全用具检查试验等；一般记录包括设备缺陷、闸门启闭操作、设备设施评级、设备命名标识、教育培训、外来人员登记、档案借阅登记等	20	重要记录有缺项，不得分； 一般记录表格有缺项，每项扣2分
		4.2.5 严格执行调度命令，落实调度指令；严格执行运行规程；严格执行高处作业规程、起重作业和电焊作业等特种作业规程；无违章作业情况	10	违反调度命令，不得分； 违反运行规程，不得分； 违反特种作业规程，不得分

续表

类别		内　容	标准分值	评审方法及评分标准
4 现场管理（550 分）	4.3 职业健康（30 分）	4.3.1 为从业人员提供符合职业健康要求的工作环境和条件，配备相应的职业健康保护设施、工具和用品，建立健全职业健康档案	30	未为员工配备相适应的劳动防护设施，不得分； 劳动防护设施有欠缺，每缺少一项扣 4 分，配备明显不足的每项扣 4 分； 无健康档案，不得分； 健康档案有欠缺，每少一人扣 2 分
	4.4 标志标识管理（50 分）	4.4.1 水库库区、大坝坝区、道路的安全警示标识规范、齐全，泄洪闸、发电洞、水库管理房等主要建筑物上有相应的名称标识。闸门、启闭机、坝区机电设备的名称、编号、主要信息、状态标识规范、齐全	15	标志、标识不规范或有缺项，每处扣 3 分
		4.4.2 厂房内外墙的安全警示标识、安全生产提醒规范、齐全，巡查路线、紧急逃生路线、消防设施布置等标志清晰明了，必要制度已上墙，机电设备的名称、编号、主要信息、状态标识、管路着色均应规范、齐全	15	标志、标识不规范或有缺项，每处扣 3 分
		4.4.3 升压站的安全警示标识、安全生产提醒规范、齐全，巡查路线、消防设施布置等标志清晰明了，机电设备的名称、编号、主要信息、状态标识规范、齐全	10	标志、标识不规范或有缺项，每处扣 3 分
		4.4.4 厂区、办公楼的安全警示标识、消防设施布置标志规范、齐全	10	标志、标识不规范或有缺项，每处扣 3 分
5 安全风险管控及隐患排查治理（90 分）	5.1 隐患排查和治理（60 分）	5.1.1 结合安全检查，定期组织排查事故隐患，并形成记录	30	缺少事故隐患排查记录，不得分； 无汛前隐患排查记录，扣 15 分
		5.1.2 一般事故隐患应立即组织整改排除；重大事故隐患应及时制定并实施事故隐患治理方案，做到整改措施、整改资金、整改期限、整改责任人和应急预案"五落实"	20	一般事故隐患，未立即组织整改排除，每项扣 2 分； 重大事故隐患无治理方案，每项扣 5 分； 重大隐患治理未做到"五落实"，每项扣 5 分
		5.1.3 在接到自然灾害预报时，及时发出预警信息；对自然灾害可能导致事故的隐患采取相应的预防措施	10	无自然灾害预测预警方案，不得分

类别	内	容	标准分值	评审方法及评分标准
5 安全风险管控及隐患排查治理（90分）	5.2 危险源监控（30分）	5.2.1 按规定对本单位的生产设施或场所等进行危险源辨识、评估，确定危险等级	20	未进行辨识、评估与建档，不得分；危险源辨识、评估与建档不完整或有缺项，每项扣4分
		5.2.2 对危险等级较高的危险源采取措施进行监控，现场设置明显的安全警示标志和危险源警示牌	10	无安全警示标志，不得分；警示标志不清或内容不全，每处扣2分
6 应急救援（50分）	6.1 建立健全生产安全事故应急预案体系（包括防洪度汛、防台抗台、地质灾害、重大火灾、人身伤亡等突发事件的应急预案）		20	无应急预案，不得分；应急预案不齐全，每项扣4分；应急预案可操作性差，每项扣2分
	6.2 按应急预案的要求，确保应急设备、装备、物资的充足、完好和可靠		15	无应急设备、装备、物资管理台账，不得分；现场检查发现缺陷，每项扣3分
	6.3 每年至少组织一次生产安全事故应急知识培训和演练		10	未组织培训演练，不得分
	6.4 发生事故后，立即采取应急处置措施，启动相关应急预案，开展事故救援，必要时寻求社会支援		5	发生事故未迅速启动应急预案，不得分
7 事故报告及调查处理（30分）	7.1 发生事故后，主要负责人或其代理人立即到现场组织抢救，并及时向事故发生地县级以上人民政府管理部门和水行政主管部门报告		15	主要负责人或其代理人未到现场组织抢救，不得分；有谎报、瞒报事故的，不得评为达标
	7.2 发生事故后，积极组织事故调查组或配合有关部门对事故进行调查。按照"四不放过"的原则，对事故责任人员进行责任追究		15	内部无调查报告，不得分；未按"四不放过"的原则处理，不得分
8 绩效评定和持续改进（60分）	8.1 每年至少组织一次安全生产标准化实施情况检查评定，提出改进意见，形成安全生产标准化评定报告		20	每年一次检查评定未形成正式报告，不得分；检查评定报告内容不完整，每处扣4分
	8.2 将安全生产标准化工作评定报告以单位正式文件下到所有部门，并组织学习		10	安全生产标准化工作评定报告未下发到所有部门，不得分；未见组织学习记录，缺一个部门或班组扣2分
	8.3 根据安全标准化的评定结果，及时对安全生产目标、规章制度、操作规程等进行修改和完善		10	未根据评定结果及时完善安全标准化工作计划和措施，并按评价结果进行修改，不得分；计划和措施的修改不到位，每处扣2分
	8.4 将安全生产标准化工作评定结果，纳入年度安全绩效考核		20	未纳入年度绩效考核，不得分；年度绩效考核结果未落实兑现，每个部门或个人扣2分

该标准按百分制设置最终标准化得分，其换算公式如下：

评审得分＝［各项实际得分之和／（1000－各合理缺项标准分值之和）］×100

最后得分采用四舍五入，取整数的方式。

为电站配套的、功能以发电为主的大坝未按规定进行安全鉴定或鉴定为三类坝的，生产设备设施类总评审得分率低于65％的，"两票"执行率未达到100％的，有谎报、瞒报事故的，均不得评为达标。

第三节　小水电安全生产标准化评审案例

将小水电安全生产标准化具体运用到实际水电站生产运行当中，不仅能完善水电站的安全生产管理体系，还能提高水电站的运行效果，同时可对出现的安全隐患进行及时消除，提高小水电站的安全生产管理水平。

2004年，《国务院关于进一步加强安全生产工作的决定》（国发〔2004〕2号）提出了"在全国所有工矿、商贸、交通、建筑施工等企业开展安全生产标准化活动"的要求（水利部，2019）。浙江省自2005年开始，先后开展了机械、危化、矿山、工贸等行业的安全生产标准化建设，特别是2010年以来，在省安委会及省安监局的要求及推动下，全省各级政府投入了大量人力、财力用于推动企业安全生产标准化建设。

本书以浙江省武义县武义三港水电站为例，对小水电安全生产标准化评审进行说明。武义三港水电站位于武义县三港乡三港村村首，是宣平溪流域规划中的第四梯级电站。电站主要由水库大坝、引水隧洞、发电厂房、输变电工程等组成。水库大坝位于柳城镇，为实体重力坝，相对坝高为22m，正常蓄水位为174.50m，水库集雨面积为423km²，正常库容为350.5万m³，为日调节水库。电站于1996年4月开工建设，1998年9月投入运行。厂内安装2台6300kW机组，多年平均年发电量为2473.6万kW·h。

三港水电站建立了较为完善的安全生产管理体系，组建成立了安全标准化工作领导小组及工作管理机构；电站建立了安全生产管理制度，逐级签订了安全生产责任书；建设了各项规章制度和运行操作规程并汇编成册，每位员工人手一册；电站安全生产费用保障体系健全，在人员安全教育培训和劳动保护、设备设施等方面的投入也可得到保证；电站严格执行"两票三制"及防误操作管理，杜绝违规操作；电站开展了定期和不定期的安全生产大检查、事故隐患排查、安全生产专项检查和"安全生产月活动"；电站安全生产标准化创建达标至今三年，电站员工安全意识得到显著提高；通过全方位的安全生产管理，电站实现了无人员伤害、无设备障碍、消防无火灾、交通无事故的安全生产工作目标，保证了发配电的安全、可靠运行……尽管如此，水电站还是存在许多可以改善的空间。

三港水电站于 2015 年被评定为安全生产标准化三级单位。2018 年 9 月 3—4 日，对水电站安全生产标准化进行了复评工作。

根据《农村水电站安全生产标准化评审标准》要求，按照以下工作程序对三港水电站进行评审：

（1）召开工作会议，明确评审依据、范围、程序、方法和分工等内容。

（2）听取三港水电站开展安全生产标准化复评工作情况汇报。

（3）对照评审标准，查看资料、勘察现场，并查证、质询，形成评审记录。

（4）反馈复评初步结论，提出整改意见，得出复评结论。

经过专家组评审，电站评审标准分为 985 分，实得分为 788 分（电站评审有合理缺项），折算得分 80 分。

三港水电站安全生产标准化评审得分详见表 3－2。

表 3－2　　　　　　　三港水电站安全生产标准化评审得分表

序号	类　别	自　评		评　审	
		标准分	自评分	标准分	实得分
1	目标职责	110	110	110	90
2	制度化管理	50	50	50	38
3	教育培训	60	60	60	60
4	现场管理	550	535	535	410
5	安全风险管控及隐患排查治理	90	90	90	76
6	应急救援	50	50	50	28
7	事故调查报告及调查处理	30	30	30	30
8	绩效评定和持续改进	60	60	60	56
	合　计	1000	985	985	788

经过评审，专家组提出了三港水电站存在的主要问题及整改建议，具体如下：

（1）电站未建立安全生产费用台账，安全生产资金投入明显不足，建议完善安全生产费用台账，加强安全生产费用台账管理。

（2）电站厂房内墙面渗水、粉刷层有部分剥落，建议加强日常维护。

（3）电站法律法规制度不齐全，建议根据标准配备合理的法律法规制度。

（4）大坝未按规定进行注册，未按安全鉴定意见完成整改，坝面不整洁、附属设施不完整、观测资料不完整、检查发现明显缺陷，无巡查、观测记录。建议完善坝区、集水井、水机室周边的防护措施。

（5）建议增加绝缘杆、护目镜等必备的安全技术用具，定期开展试验工作。

（6）电站无大修计划，建议根据规范标准要求并结合设备自身情况制定合理的大修计划。

（7）自 2014 年以来，电站未开展预防性试验，建议按《电力设备预防性试验规程》（DL/T 596）要求定期开展预防性试验。

（8）电站标志标识不够完善，闸门启闭机操作制度应上墙，水室应完善警示标识。

（9）电站缺少从业人员健康档案，建议根据标准化要求建立健全员工健康档案。

（10）建议完善应急预案，定期开展预案演练，提高事故处置能力。

经过复评，三港水电站评审得分为 80 分，满足浙江省农村水电站安全生产标准化二级标准，复评结果推荐为浙江省农村水电站安全生产标准化二级单位。

三港水电站安全生产标准化评审打分明细见表 3-3。

表 3-3 三港水电站安全生产标准化评审打分明细表

类别	内　容		标准分值	评审描述	实际得分
1 目标职责 （110 分）	1.1 安全生产目标 （20 分）	1.1.1	5	符合标准要求	5
		1.1.2	5	未逐级签订，不得分	0
		1.1.3	10	符合标准要求	10
	1.2 组织机构和职责 （30 分）	1.2.1	10	运行人员少于 6 人，不得分	0
		1.2.2	10	符合标准要求	10
		1.2.3	10	符合标准要求	10
	1.3 安全生产投入 （60 分）	1.3.1	30	符合标准要求	30
		1.3.2	30	安全生产费用台账不完善，扣 5 分	25
2 制度化管理 （50 分）	2.1		10	缺《农村水电站运行管理技术规程》（DB33/T 809）、《农村水电站管理规范》（DB33/T 2008）等 6 份标准，不得分	0
	2.2		20	缺设备设施评级管理制度，扣 2 分	18
	2.3		10	符合标准要求	10
	2.4		10	符合标准要求	10

类别	内 容			标准分值	评 审 描 述	实际得分
3 教育培训 (60分)	3.1			15	符合标准要求	15
	3.2			20	符合标准要求	20
	3.3			10	符合标准要求	10
	3.4			15	符合标准要求	15
4 现场管理 (550分)	4.1 生产设备设施管理 (350分)	4.1.1 水工建筑物 (80分)	4.1.1.1	25	观测资料不全，坝面不整洁，扣10分	10
			4.1.1.2	20	符合标准要求	20
			4.1.1.3	20	符合标准要求	20
			4.1.1.4	15	合理缺项	—
		4.1.2 金属结构 (30分)	4.1.2.1	30	符合标准要求	30
		4.1.3 水力机械 (50分)	4.1.3.1	25	符合标准要求	25
			4.1.3.2	15	符合标准要求	15
			4.1.3.3	10	2号调速器油管局部渗油，扣2分	8
		4.1.4 电气设备 (80分)	4.1.4.1	25	2014年后未开展预防性试验，不得分	0
			4.1.4.2	10	符合标准要求	10
			4.1.4.3	10	符合标准要求	10
			4.1.4.4	10	符合标准要求	10
			4.1.4.5	10	符合标准要求	10
			4.1.4.6	10	符合标准要求	10
			4.1.4.7	5	符合标准要求	5
		4.1.5 设备设施运行管理 (15分)	4.1.5.1	5	符合标准要求	5
			4.1.5.2	5	符合标准要求	5
			4.1.5.3	5	符合标准要求	5
		4.1.6 检修管理 (15分)	4.1.6.1	15	无大修计划，不得分	0
		4.1.7 更新改造管理 (20分)	4.1.7.1	15	符合标准要求	15
			4.1.7.2	5	符合标准要求	5

续表

类别	内 容		标准分值	评 审 描 述	实际得分
4 现场管理 (550 分)	4.1 生产设备设施管理 (350 分)	4.1.8 文明生产管理 (60 分)			
		4.1.8.1	20	主厂房墙面粉刷层脱落，水机层楼梯下杂物堆砌，扣 4 分	16
		4.1.8.2	15	符合标准要求	15
		4.1.8.3	15	符合标准要求	15
		4.1.8.4	10	符合标准要求	10
	4.2 作业安全 (120 分)	4.2.1	30	进水口启闭机检修平台周边、大坝右岸、集水井、水机室周边防护措施不完善，扣 20 分	10
		4.2.2	20	缺防毒面具、护目眼镜，扣 10 分	10
		4.2.3	40	符合标准要求	40
		4.2.4	20	符合标准要求	20
		4.2.5	10	符合标准要求	10
	4.3 职业健康 (30 分)	4.3.1	30	无健康档案，不得分	0
	4.4 标志标识管理 (50 分)	4.4.1	15	启闭机操作规程未上墙，扣 3 分	12
		4.4.2	15	水机室警示标识不完善，扣 3 分	12
		4.4.3	10	主变 A、B、C 三相未标识，扣 3 分	7
		4.4.4	10	符合标准要求	10
5 安全风险管控及隐患排查治理 (90 分)	5.1 隐患排查和治理 (60 分)	5.1.1	30	符合标准要求	30
		5.1.2	20	符合标准要求	20
		5.1.3	10	无自然灾害预测预警方案，不得分	0
	5.2 危险源监控 (30 分)	5.2.1	20	建档不完善，扣 4 分	16
		5.2.2	10	符合标准要求	10
6 应急救援 (50 分)	6.1		20	无防台抗台、地质灾害和重大火灾预案，扣 12 分	8
	6.2		15	符合标准要求	15
	6.3		10	未组织培训演练，不得分	0
	6.4		5	符合标准要求	5

类别	内　　容	标准分值	评　审　描　述	实际得分
7 事故报告 及调查处理 （30 分）	7.1	15	符合标准要求	15
	7.2	15	符合标准要求	15
8 绩效评定 和持续改进 （60 分）	8.1	20	符合标准要求	20
	8.2	10	符合标准要求	10
	8.3	10	计划和措施的修改不到位，扣 4 分	6
	8.4	20	符合标准要求	20

第四章

中国绿色小水电的发展

第一节　小水电对生态环境的影响

近年来，以中小河流为主的小水电开发在促进我国农村经济社会发展中发挥了重要作用，在提高农村电气化水平、带动农村经济社会发展、改善农民生产生活条件、保障应急供电多方面做出了重要贡献。但在发展的进程中，造成河流无序开发、河道减脱水等生态环境破坏问题也日益突出。因小水电开发造成的生态环境问题主要包括以下几个方面。

一、对鱼类资源的影响

由于电站的兴建，河流水质、水量及水温变化对鱼类保护和稀有动植物保护不利，使得某些物种减少乃至灭绝。流域水电梯级开发过程中，水库蓄水淹没了部分动植物栖息地，大坝阻隔了鱼类等水生生物的洄游通道，同时使流水变为静水，影响了喜流水性种群的生存，也使喜静水生活的种群在库区成为优势种群。梯级电站建设对水生生态系统还存在累积影响，主要体现为多个水电站建设引起水文要素变化和河流库化的整体效应，会对水生生物产生影响。以木鱼河为例，20世纪六七十年代，河中鱼类资源较为丰富，而实施梯级开发后，因其生活环境已经遭到破坏，鱼类生存受到影响，由于自然界中生物圈食物链的关系，相关物种的生存亦受到影响。

二、对水土保持的影响

小水电导致的水土流失问题主要产生于建设施工阶段，因施工引起的地表土壤扰动及电站运行形成的减水河段会破坏周围植被，造成水土流失。过去，许多小水电站都是因陋就简而建，一些投资主体片面追求经济效益，建设的电站部分是渠道引水式电站，而渠道沿山腰布置，开挖时破坏森林，扰动地面，增加水土流失。由于施工质量较差，运行时渗漏、垮塌，不仅冲刷地表，而且易诱发泥石流，对生态环境造成一定程度的危害。解决好这些问题需要各级水行政主管部门切实履行法定职责，加强建设项目水土保持方案实施的监督和检查，督促业主和施工单位严格贯彻落实"三同时"制度，加强水土保持工程监理和水土流失监测，落实水土流失防治责任。

三、对河流减脱水段的影响

引水式电站是利用天然河道落差，由引水系统集中发电水头的电站；还有些电站既用挡水建筑物又用引水系统共同集中发电水头，称为混合式水电站。引水式电站会造成挡水建筑物至发电厂房段的河道永久性或间断性断流，跨流域引水发电可造成较长河段的断流或流量减少。

这些早期建设的引水式电站因受当时经济技术条件限制，没有设计、建造最小流量泄放设施，同时，随着水资源开发利用程度的提高，诸多因素都使得引水河段的减水脱流现象加剧。近年来，随着老旧电站增效扩容的改造，通过工程和生态措施，使得部分中小河流的生态环境有所改善，尤其是要求老旧电站通过设置生态泄水管、增设生态机组、新建壅水坝和开展梯级联合调度等措施确保厂坝间河段生态需水。因此，通过政策约束、标准修订、项目引导和加强监管，河段减脱水的问题可以在一定程度上得到解决（水殿轩，2015）。

小水电工程建设会对生态环境产生一定影响，但这些影响是暂时的、局部的，且是可控的。因此，我们要在规划、设计、施工、运行管理等各个过程中，落实生态环境保护措施，减轻其不良影响，改善和保护生态环境。同时，通过生态环境保护促进小水电建设的健康发展，实现小水电开发与生态环境保护的协调发展。

第二节 中国绿色小水电的发展举措

中国绿色小水电应贯彻"创新、协调、绿色、开放、共享"的发展理念，坚持生态优先、科学发展，着力构建政府引导、企业主体，标准领跑、政策扶持的绿色小水电建设新机制，充分发挥小水电的清洁可再生能源作用，妥善处理小水电开发与河流生态保护的关系，引导小水电行业加快转变发展方式、提质增效升级，走生态环境友好、社会和谐、经济合理、管理规范的可持续发展之路。

到 2025 年，建立绿色小水电标准体系和管理制度，初步形成绿色小水电发展的激励政策，创建一批绿色小水电示范电站。到 2035 年，全行业形成绿色发展格局，小水电规划设计科学合理，建设管理规范有序，调度运行安全高效，综合利用水平明显提高，生态环境保护措施严格落实，绿色发展机制不断完善，河流生态系统稳定、生态系统服务功能良好，绿色小水电理念深入人心。

中国绿色小水电的发展举措主要包括小水电生态改造、小水电生态补偿长效机制以及绿色小水电站创建等。小水电生态改造措施具体包括生态流量核定、生态泄放设施改造以及监测设施布置；小水电生态补偿长效机制包括生态电价补偿、老旧电站报废补偿以及电站增效扩容改造补偿；绿色小水电站创建包括绿色小水电评价标准制定、绿色小水电站创建以及绿色小水电站评价案例。绿色小水电发展的总体框架如图 4-1 所示。

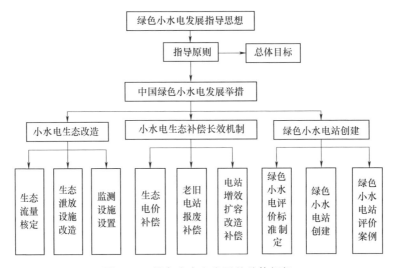

图 4-1　绿色小水电发展的总体框架

一、小水电站生态改造

所谓"生态流量"就是下游河道为保障河流环境生态功能，维持水资源可持续开发利用，使其避免生态环境恶化所必须保证的最小流量。其主要作用是保证河流所需要的自净扩散能力，不因流量及水流形态发生巨大变化，造成水体污染；维持下游河道内水生生物的生存和水生态系统的固有平衡；保证下游沿岸居民生活取水、农业生产取水等基本需求。2018 年 6 月 19 日，国家审计署发布《长江经济带生态环境保护审计结果》，在小水电方面，截至 2017 年年底，10 个省份已建成小水电 2.41 万座，最小间距仅 100m，开发强度较大。过度开发致使 333 条河流出现不同程度断流，断流河段总长 1017km。河道断流导致河流自净作用锐减，河水水质出现恶化，给当地的人畜健康和水生生物生存造成威胁。同时，沿河居民生活、农田灌溉用水无法得到保障，对当地的正常生产造成不良影响，制约当地社会经济的发展。为了杜绝这种现象的发生，需对不符合生态要求的小水电站进行生态改造，保证下游区域的生态流量。

本节主要从生态流量核定、生态泄放设施改造以及监测设施布置三个方面进行阐述。其中，生态流量核定从生态流量计算方法、生态流量分类核定、生态流量核定三个方面；生态泄放设施改造从改造已建闸门泄放生态流量、采用或改造现有阀门泄放生态流量、坝体内增设泄放管泄放生态流量、增设虹吸管泄放生态流量、坝肩钻孔敷设泄放管泄放生态流量、生态机组泄放生态流量六个方面；监测设施布置从生态流量监测类型、生态流量分类监测原则、生态流量监测方式确定、生态流量监测方式变更四个方面，共计 13 个方面来阐述小水电生态改造的具体方法。

2015 年，福建省首先选择长汀县和永春县作为小水电退出试点县；2016 年，福建省发布《福建省"十三五"能源发展专项规划》，对区域生态影响大的小水电，实行有序关停退出，促进水能资源进一步得到科学、充分的利用。2016 年 3 月，中央出台的《关于支持福建省深入实施生态省战略加快生态文明先行示范区建设的若干意见》，将福建确定为全国第一个生态文明先行示范区，自此拉开了福建小水电退出序幕。同年 6 月，福建省水利厅下发《关于做好 2016 年小水电站退出项目管理工作的通知》（闽水农电〔2016〕7 号），对小水电站退出工作做出如下更细致的安排：按多年平均发电量，以不超过 1 元/（kW•h）总包干方式（不作为单个电站的补助标准）下达了补助经费。若退出项目有变动调整的，要及时上报福建省水利厅备案。所有退出工作必须于 2016 年年底前完成并验收。

2017 年 8 月，四川省发布《四川省自然保护区小水电问题整改工作方案》，明确将在 2018 年 6 月 30 日前全面完成整改任务。2018 年，湖北省在全省全面开展小水电站生态流量泄放达标整改，整改不彻底、不达标的，责令停产。2018 年 5 月，生态环境部印发《长江经济带小水电无序开发环境影响评价管理专项清理整顿工作方案》，方案要求全面排查长江经济带范围的上海、江苏、浙江、安徽、江西、湖北、湖南、重庆、四川、贵州、云南等 11 省（直辖市）小水电（含长江水系以外的小水电，小水电是指单站装机容量在 5 万 kW 及以下的水电项目）开发及环评管理情况，并建立长江经济带小水电环评管理台账。同年 6 月，丽水市水利局下发《关于开展绿色水电发展综合评估的通知》，进一步提高丽水市农村水电站生态水平，健全生态流量下泄设施，降低农村水电站运行对生态环境的不利影响。

1. 生态流量核定

（1）生态流量计算方法。依据《河湖生态环境需水计算规范》（SL/Z 712—2014）、《水利水电建设项目水资源论证导则》（SL 525—2011）以及《河湖生态需水评估导则（试行）》（SL/Z 479—2010），选用多年平均流量的 10%（简称"多年平均流量法"）、频率（90%）最枯月平均流量法（简称

"最枯月平均流量法")和频率（95%）日平均流量历时曲线法（简称"日平均流量历时法"）作为农村水电站生态流量核定断面生态流量核定的三种计算方法。

（2）生态流量分类核定。集水面积 100km² 及以上或有特殊生态需求的断面，采用多年平均流量法核定；集水面积在 30（含）～100km² 采用日平均流量历时法核定；集水面积 30km² 以下采用最枯月平均流量法核定。

有特殊生态需求的断面是指位于自然保护区、城镇及重要村庄、风景名胜区、省市级河流、县级及以上公路沿线等的断面。

对于电站取水水库以灌溉、供水为主，生态流量的泄放首先满足灌溉、供水需求。

其他重要特殊生态需求断面参照相关规范另行核定。

（3）生态流量核定。

1）方法选用原则。电站生态流量核定断面处的流量资料无法直接获取的，生态流量核定采用水文比拟法，采用与生态流量核定断面所在河流同一流域、相近流域或自然地理特征相似的水文站作为参证站。

多年平均流量也可采用多年平均径流深等值线图计算，用邻近雨量站实测降雨量进行修正的方式获得。

2）参证水文站生态流量核定。根据区域（县）内水文站的分布，收集水文站的实测水文资料，按照多年平均流量法、日平均流量历时法、最枯月平均流量法分别计算出参证水文站的生态流量。

根据水文计算要求，日平均流量历时法需要 20 年以上的流量资料，最枯月平均流量法和多年平均流量法需要 30 年以上的流量资料。流量资料不足的，可通过插补延长法得到。集水面积小于 30km² 且流量资料难以满足要求的，通过综合分析合理核定。

3）生态流量核定。断面生态流量按下列原则核定：

a. 生态流量计算采用多年平均流量法且生态流量核定断面所在河流与比拟水文站相似性不高的，采用多年平均径流深等值线图中生态流量核定断面以上流域的径流深计算多年平均流量，用邻近雨量站的实测降雨量进行修正。

b. 对电站设计报告中生态流量核定断面有所在河流多年平均流量的，按照多年平均流量核定，否则按照集水面积作为比拟参数计算生态流量。

c. 对选定的生态流量计算方法计算出的生态流量进行合理性分析，核定断面的生态流量。

2. 生态泄放设施改造

（1）改造已建闸门泄放生态流量。采用闸门限位方式，通过闸门行程控制器或在闸门底部设置控制闸门不完全关闭的水泥墩，利用闸门不完全关闭泄放生态流量。

改造闸门进行生态泄放能够充分利用现有构筑物，不会因新增泄水建筑物而影响坝体结构，但控制闸门的启闭角度难以精确控制，且闸门长期小角度泄流产生的振动可能使构筑物结构疲劳等。此外，若通过坝体内部泄流洞下泄水量，洞内长期高速水流会引起空蚀现象破坏坝体结构。

1）适用类型。可通过改造闸门泄放生态流量的电站主要有以下类型：

a. 拦水坝为设有冲沙闸的堰坝引水式电站；坝后引水渠道渠首设有闸门设施的引水式电站。该类电站通过闸门底部增设隔墩即可控制闸门泄放生态流量，改造技术简单，投资小，易于推广实施。

b. 电站大坝设有放空洞，且布置有允许动水中启闭的深水闸门。该类电站放空洞一般为施工导流洞改造而来，可通过闸门行程控制器控制闸门开度泄放生态流量。

c. 电站大坝或引水系统设有泄放闸门或溢洪道闸门，但由于控制设备不完善，通过调整闸门开度泄放流量存在较大安全风险；或者闸门尺寸较大，通过现有闸门泄放流量较大，无法较准确泄放生态流量时，可在现有闸门上设置门中门或舌瓣门，增设启闭设施，泄放核定生态流量。

2）计算方法。通过闸门泄放生态流量，可按宽顶堰上闸孔出流公式计算：

$$Q = \mu_0 \sigma_s b e \sqrt{2gH_0} \tag{4-1}$$

μ_0 可采用南京水利科学院经验公式计算：

$$\mu_0 = 0.60 - 0.176 \frac{e}{H}$$

式中：Q 为下泄流量；H_0 为包括行近流速水头的堰上水头，一般情况下，行近流速水头较小，可忽略，H_0 取闸前水深 H；H 为闸前水深，取闸前最小发电水深，即闸前最小发电水位情况下，也可保证核定生态流量的泄放；b 为闸孔宽度；e 为闸孔开度；μ_0 为闸孔的流量系数；σ_s 为闸孔出流的淹没系数，闸孔自由出流时，$\sigma_s = 1$，闸孔淹没出流时，σ_s 按图 4-2 取值。

根据生态泄放流量及闸门尺寸参数等，计算求得闸门开度，从而确定生态泄放设施改造方案。

3）典型设计示意图。典型设计示意图如图 4-3 和图 4-4 所示。

（2）采用或改造现有阀门泄放生态流量。针对现状设有泄放阀的电站可采取部分开启阀门或增设旁通放水管方式进行生态流量泄放。

对于设有锥形阀的电站大坝，可直接利用锥形阀进行生态泄放，并根据生态流量泄放要求确定阀门开度。

对于设有闸阀的电站大坝，可增设旁通放水管泄放生态流量，其中对于水库库容较大的电站可在现有闸阀后焊接钢管，再增加一个阀门，两阀门之间增

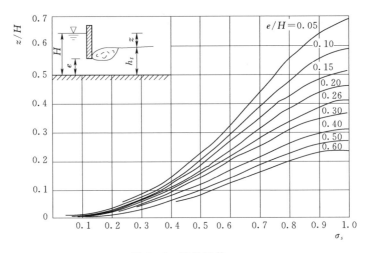

图 4-2 淹没系数 σ_s

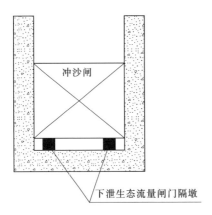

图 4-3 闸门增设水泥隔墩泄放生态流量示意图

设旁通放水管，原阀门长期开启，新增阀门关闭，以保证旁通放水管的生态流量泄放；对于水库库容较小的电站可直接放空水库后，在现有闸阀前增设旁通放水管，原阀门长期关闭。旁通放水管一般不设置节制装置，但若电站水库兼具供水、灌溉等功能，则可考虑加装节制装置。

采用或改造现有阀门泄放生态流量，方法简单，改造成本低，具有较好的经济性，但长期高速水流泄流导致的空蚀现象对于泄放管、泄放阀门存在较大危害，泄流产生的振动也易引起构筑物的结构疲劳，导致安全隐患事故的发生。

1）适用类型。可通过改造现有阀门设施泄放生态流量的电站主要有以下类型：

a. 现状设有放水阀的电站大坝。

b. 电站利用发电引水洞设置放空支洞，支洞出口设闷头。该类电站可关闭进水闸门，放空水库，割除闷头，增设放水阀门及旁通放水管泄放生态流量。

2）计算方法。

a. 通过锥形阀泄放生态流量，可参照锥形阀产品技术说明书确定开度，或通过加装管道流量计等流量监测设施确保生态流量下泄。

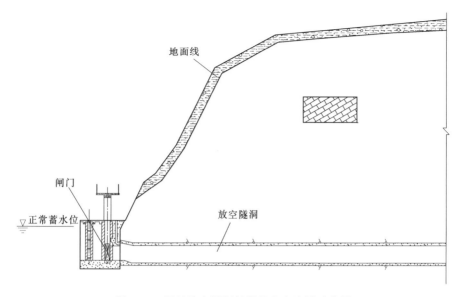

图 4-4　通过放空洞闸门泄放生态流量示意图

b. 旁通放水管出流可按有压管流公式计算：

$$Q=\mu_c A \sqrt{2gH_0} \qquad (4-2)$$

式中：Q 为下泄流量；A 为管道断面面积；H_0 为包括行近流速水头的作用水头，一般情况下，行近流速水头较小，可忽略，自由出流时，H_0 取 H，淹没出流时，H_0 取 Z；H 为坝前水深至管道中心高程的水头；Z 为上下游水面高程差；μ_c 为管道流量系数。

μ_c 可采用下式计算：

$$u_c=\frac{1}{\sqrt{1+\left(\lambda\dfrac{l}{d}+\Sigma\zeta\right)}} \qquad (4-3)$$

式中：l 为管道计算段长度；d 为管道内径；λ 为沿程水头损失系数；$\Sigma\zeta$ 为管道计算段中各局部水头损失系数之和。

3）典型设计示意图。典型设计示意图如图 4-5 所示。

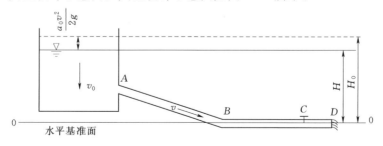

图 4-5　有压管道出流示意图

（3）坝体内增设泄放管泄放生态流量。在坝体埋设无节制泄放管，通过泄放管泄放生态流量。无节制泄放管能够最大限度地排除人为干扰，保障生态流量的长期泄放，泄放管结构简单，便于管理、易维护。但下泄水量得不到兴利利用，由于无法控制开度，故无法进行流量精准控制。同时，泄水管道较长时，容易堵塞，且泄水管贯穿坝体可能对大坝的防渗、抗震安全产生影响。

1）适用类型。电站大坝为低水头堰坝、翻板坝，可在堰坝坝身、翻板坝支墩等部位钻孔埋设泄放管。该类电站改造涉及坝体开孔改造，坝体应力、渗流存在安全隐患，施工要求较高。

2）计算方法。坝体增设泄放管，按有压管流公式［式（4-2）］计算。

（4）增设虹吸管泄放生态流量。虹吸管泄放生态流量是利用虹吸作用，从坝前水库吸水泄放入坝后河道。虹吸管泄流具有对大坝扰动小、投资少等优点，但存在水头损失大、高差限制及设备易损坏等缺点。

1）适用类型。适用于大坝为面板堆石坝、土石坝等现状无泄放设施，且坝体无法改造新设相关设施的电站。该类电站一般为混合式电站，有一定库容的水库，但坝高未超过虹吸管适用高度。

2）计算方法。虹吸管的输水能力按有压管流公式［式（4-2）］计算，其中 H_0 取上下游水面高程差。局部损失系数总和包括拦污栅、闸门槽、进口、弯道、渐变段等损失系数。

3）典型设计示意图。典型设计示意图如图4-6所示。

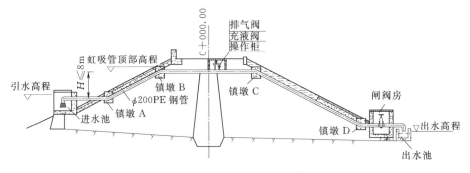

图4-6　虹吸管典型设计示意图

（5）坝肩钻孔敷设泄放管泄放生态流量。采用非开挖定向钻孔技术，在坝肩部位钻孔敷设泄放管进行生态流量泄放。非开挖定向钻孔技术克服了虹吸管水头损失大、高差限制及设备易失效等缺点，具有良好的适用性和可靠性。但其对地形、地质条件要求较严格，改造投资较大。

1）适用类型。适用于大坝过高，无法适用虹吸管设施，或虹吸管效率较低无法达到泄放核定流量的电站。

2）计算方法。按有压管流公式［式（4-2）］计算。隧洞糙率根据实际情况选取。

3）典型设计示意图。典型设计示意图如图4-7所示。

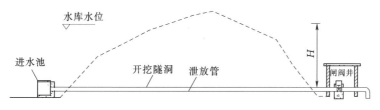

图4-7 非开挖定向钻孔泄放生态流量典型设计示意图

（6）生态机组泄放生态流量。生态机组泄放生态流量是指通过新增发电小机组，利用不间断下泄的生态流量进行发电。生态机组既能通过不间断下泄保障下游河道生态流量需求，又能充分利用下泄流量发电，经济效益明显。但生态机组投资大，维护复杂。

1）适用类型。适用于库容较大的坝后式电站。生态机组装机容量应不小于75kW，发电水头大于40m，且水头变化尽量小。

2）计算方法。根据核定生态流量要求，确定引用流量 Q、经济流速 v（钢管内的经济流速一般为4～6m/s）、设计水头 H、钢管糙率 n、钢管长度 L 和电站机组的额定出力 N。

a. 钢管直径计算。钢管直径可以根据技术经济比较确定，钢管直径可按下式初步确定：

$$D = \sqrt[7]{\frac{KQ_{max}^3}{H}} \quad\quad (4-4)$$

式中：D 为钢管直径；K 为计算系数，介于5～15之间，常取5.2（钢材较贵、电价较低廉时 K 取较小值）；Q_{max} 为钢管的最大设计流量；H 为电站设计水头。

b. 钢管壁厚。管壁的结构厚度取为计算厚度加2mm的锈蚀厚度，管壁的最小结构厚度不宜小于式（4-5）确定的数值，也不宜小于6mm，以保证必需的刚度。

钢管计算壁厚取以下两式计算结果较大值：

$$t = \frac{D}{800} + 4 \quad\quad (4-5)$$

$$t = \frac{P_0 D}{2[\sigma]\varphi} \quad\quad (4-6)$$

式中：t 为钢管计算壁厚；P_0 为钢管计算内压；$[\sigma]$ 为钢材允许应力；φ 为焊缝系数。

c. 机组选型。初步估算装机容量，可采用下式：

$$N = 9.81\eta_水 \, \eta_电 \, QH \tag{4-7}$$

式中：$\eta_水$ 为水轮机的效率系数；$\eta_电$ 为发电机的效率系数。

根据参数查《水电站机电设计手册 水力机械》，选择适合的水轮机备选方案进行比选，并确定方案。

生态机组要求不间断运行发电下泄生态流量，导致机组水头变幅较大，长期运行会导致水轮机组振动、转轮叶片产生裂纹、厂房与相邻建筑物共振等问题，因此，生态机组的合理设计建设至关重要。

3. 监测设施布置

（1）生态流量监测类型。农村水电站生态流量泄放监测采用动态与静态、定性与定量、实时与抽检相结合的方式，分为以下三种监测类型：

1）静态图像：保存生态流量泄放静态记录。

2）动态视频：安装摄像头，实时全天候录像，保存生态流量动态泄放过程。

3）实时流量：安装流量计或计量装置，记录连续生态流量泄放量。

（2）生态流量分类监测原则。根据电站生态流量监测断面所处位置、生态流量泄放方式、生态流量监测断面所在河流坝址以上集水面积、电站装机规模、特殊监测要求，对电站生态流量监测进行分类。

分类原则：装机规模、生态流量泄放设施有无节制措施、生态流量监测断面所处位置通信网络是否覆盖到位、生态流量监测断面所在河流坝址以上集水面积、生态流量泄放是否有特殊监测要求（如生态泄水口所在河流属于县级及以上公路沿线的、重点关注河段等）。

（3）生态流量监测方式确定。生态流量监测方式确定分两步：第一步根据生态流量监测断面所处位置通信网络覆盖程度和有无特殊生态监测要求确定生态流量监测方式；第二步根据装机规模、生态流量泄放设施有无节制、生态流量监测断面所在河流坝址以上集水面积调整监测方式。

1）初步确定。生态流量核定断面所处位置无通信网络覆盖为静态图像方式，有通信网络覆盖为动态视频方式，有通信网络覆盖且生态流量核定断面所在河流有特殊监测要求的，为实时流量方式。

2）调整。初步确定为采用动态视频方式且同时满足下列条件的，调整为实时流量方式：电站装机容量 2000kW 及以上的；泄放设施有节制的；集水面积 30km² 及以上的。

（4）生态流量监测方式变更。生态流量核定断面所处位置的通信网络覆盖条件发生变更时，则原定的监测方式按上述办法变更。

二、小水电生态补偿长效机制

小水电生态补偿长效机制旨在通过适当的经济补偿使生态保护的外部效益内部化，从而理顺各区域生态保护的权利和义务关系，促进各区域共同恢复和保持良好的生态环境，促进各地区的协调发展，为各区域经济和社会的整体协调发展提供生态保证。在补偿机制建设方面，主要包括生态电价补偿、老旧电站报废补偿以及电站增效扩容改造补偿等。

1. 生态电价补偿

水电站落实生态流量，分为改造类和限制类两种。

改造类水电站是指实施生态改造或增设生态机组的水电站。生态改造是指改造或增设无节制的泄流设施、设置倒虹吸管等，保证生态下泄流量。增设生态机组是指建设专门下泄生态流量的机组，可以 24h 全天候泄流。

限制类水电站是指通过改造后仍达不到最小生态下泄流量要求的，采取调整运行方式或季节性限制运行的水电站。调整运行方式是指闸坝式水电站或有调节性能的水库，通过闸门启闭、调整水库发电调度等方式，确保河道生态流量。季节性限制运行是指造成河流季节性减脱水的水电站，采取限制运行，限制期间水电站不发电，自然来水全部回归河道。

对改造类或限制类的水电站，在水电站安装最小生态下泄流量监控设施，落实最小生态下泄流量后，根据上一年监控考核情况，分类执行生态电价：

（1）水电站上一年最小生态下泄流量监控数据完整率和最小生态下泄流量达标率高于或等于 90％的，实行生态电价奖励。改造类水电站上一年上网电量（非市场化交易电量，下同）对应的上网电价在价格主管部门制定的上网电价基础上每千瓦时加价 2 分钱（含税，下同）。限制类水电站上一年上网电量对应的上网电价在价格主管部门制定的上网电价基础上每千瓦时加价 3 分钱。

（2）水电站上一年最小生态下泄流量监控数据完整率和最小生态下泄流量达标率高于或等于 80％且低于 90％的，实行生态电价奖励。改造类水电站上一年上网电量对应的上网电价在价格主管部门制定的上网电价基础上每千瓦时加价 1 分钱。限制类水电站上一年上网电量对应的上网电价在价格主管部门制定的上网电价基础上每千瓦时加价 1.5 分钱。

（3）水电站上一年最小生态下泄流量监控数据完整率和最小生态下泄流量达标率高于或等于 60％且低于 80％的，水电站上一年上网电量按照价格主管部门制定的上网电价执行，不予奖惩。

（4）水电站上一年最小生态下泄流量监控数据完整率或最小生态下泄流量达标率高于或等于 50％且低于 60％的，实行生态电价惩罚。改造类水电站上一年上网电量对应的上网电价在价格主管部门制定的上网电价基础上每千瓦时扣减 1 分钱。限制类水电站上一年上网电量对应的上网电价在价格主管部门制定的上网电价基础上每千瓦时扣减 1.5 分钱。

（5）水电站上一年最小生态下泄流量监控数据完整率或最小生态下泄流量达标率低于 50% 的，实行生态电价惩罚。改造类水电站上一年上网电量对应的上网电价在价格主管部门制定的上网电价基础上每千瓦时扣减 2 分钱。限制类水电站上一年上网电量对应的上网电价在价格主管部门制定的上网电价基础上每千瓦时扣减 3 分钱。

2. 老旧电站报废补偿

（1）存在下列情况之一的水电站，应当予以报废：

1）设施设备老化，存在严重安全隐患，安全运行达不到《农村水电站运行管理技术规程》（DB33/T 809—2010）要求，更新改造经济上不合理的。

2）安全管理年检不合格，无法通过整改达到《农村水电站技术管理规程》（SL 529—2011）要求的。

3）已经停产，无法恢复利用价值的。

4）遭遇洪水、泥石流等自然灾害，工程严重毁坏，无法恢复利用价值的。

5）因其他原因需要报废的。

凡符合报废条件的，水电站业主应向水行政主管部门提出报废申请。水行政主管部门在水电站安全生产监管中，发现以上所列情况，可要求业主对水电站实施报废。

在电站报废补偿方面，拆除原有水工设施或增设退水设施，废除蓄水功能，恢复水流自然状态后的补偿标准为每座电站 15000 元；机电设备拆除补偿标准为 100 元/kW；厂房升压站拆除、生态恢复补偿标准为 100 元/m²；发电效益补偿为报废前两年平均发电收入乘以年限系数（0.1~0.4）。

水电站最小生态下泄流量监控数据完整率指监控数据完整的小时数占全年考核小时数的比值。其中，监控数据完整指该小时内每 15min 至少有一条监控数据。全年考核小时数是指扣除差别化考核后的小时数。

水电站最小生态下泄流量达标率指生态下泄流量达标的小时数占全年监控完整小时数的比值。其中，该小时内的所有生态流量数据的平均值，或至少 1 组数据不小于核定的最小生态下泄流量，认定为该小时达标。

对于落实季节性限制运行的水电站，在限制期间仍有电量上网的，限制期间所发电量不予结算电费，当年上网电量不予实行生态电价奖励。

（2）具有下列情况的，执行差别化考核。

1）水库入库流量小于水电站最小生态流量标准的时段，由水电站提出申请，按行业管理分类，经设区市经信部门或县级及以上水利部门核定，下泄流量达到上游来水量时，即为达标。

2）因防汛抗旱、应急调度等需要，县级以上的防汛指挥机构和经信、水利、环保部门通知停止泄放生态流量的水电站，相应时段可不列入考核。

3）因遭遇地震、台风、暴雨等不可抗拒原因造成水电站损毁，水电站无法执行生态流量要求的，由水电站提出申请，按行业管理分类，经设区市经信部门或县级及以上水利部门核定，电站修复前的时段可不列入考核。

4）水电站设备、引水工程或送出线路检修时，检修时段水电站无法执行生态流量要求的，由水电站报备，经设区市经信或水利部门审核通过，该检修时段可不列入考核。

5）暂时无法进行生态改造的坝高超过 70m 的且装机容量在 5 万 kW 以上的多年调节水库电站，因承担电网调峰调频等安全任务，确实无法按小时执行生态流量要求的，经省经信委核定后，暂按日均下泄流量考核且不执行生态电价。

6）以供水、灌溉为主的水电站，因优先保障供水、灌溉功能，确实无法执行生态流量要求的，由设区市政府批准，并抄送省水利厅、环保厅，可暂不列入考核。

7）对确因地理位置偏僻等特殊情况，无法安装下泄流量监控设施的，经设区市政府批准，并抄送省经信委、水利厅、环保厅，可暂不列入考核。价格主管部门牵头落实水电站生态电价奖惩机制；环保部门负责完善监控平台，提供各级相关部门调阅使用，并定期通报监控情况给同级经信、水利部门，并与水利部门共同科学核定水电站生态下泄流量；水利部门牵头指导和督促总装机容量 5 万 kW 及以下水电站安装生态流量在线监控装置，并牵头对其安装、运行情况进行考核，确保监控设施正常运转和最小生态下泄流量落实到位；经信部门牵头指导和督促总装机容量 5 万 kW 以上水电站安装生态流量在线监控装置，并牵头对其安装、运行情况进行考核，确保监控设施正常运转和最小生态下泄流量落实到位；电网公司负责落实调整水电站发电运行方式，按照价格主管部门生态电价奖惩意见结算电费。

3. 电站增效扩容改造补偿

（1）中央及地方补助资金支持的增效扩容改造项目必须符合以下条件：

1）于 2005 年及以前投产或机组设备老化、运行困难、存在安全隐患，或水工建筑物存在安全隐患或单站装机容量 5 万 kW 及以下的农村水电站；已实施水库除险加固的电站，可优先考虑纳入增效扩容改造范围。

2）电站以电量计算的增效扩容潜力改造原则上需达到 20% 以上。对于惠农作用明显和综合效益较大的项目，增效扩容潜力改造不得低于 10%。

增效扩容改造后额定工况下水轮发电机组的综合效率应分别达到以下指标：

1）单机功率小于 3000kW：75％以上。

2）单机功率 3000～10000kW：81％以上。

3）单机功率 10000kW 以上：88％以上。

4）符合河流综合规划、防洪规划和水能资源开发规划。

5）按照水利部、工商总局、安监总局和电监会《关于加强小水电站安全监管工作的通知》（水电〔2009〕585 号）的要求，已落实安全生产监管主体和责任主体。

6）电站增效扩容改造基本建设手续完备，产权明晰，管理规范，改造后能实现长期稳定运行。

（2）电站增效扩容改造补偿具体措施如下：

1）引入第三方进行绩效评价。由省级财政、水利部门委托具备能力的第三方机构开展河流绩效评价并编制报告，对改造后的水电站进行流域生态评估。

2）符合评估要求的水电站，按照区域不同，对增效扩容改造项目按改造后的装机容量给予不同的定额补助。补助标准为：东部地区 700 元/kW，中部地区 1000 元/kW，西部地区 1300 元/kW，具体补助标准可根据各地经济发展情况做适当的调整。

3）政府对电站增效扩容改造进行补助。单个项目中央补助资金额度不得超过该项目增效扩容改造总投资的 50％，剩余部分由电站方和当地政府共同出资。

以上电站增效扩容改造补偿措施仅供参考，各地区应因地制宜制定适用于各地区的增效扩容改造补偿办法，确保小水电健康可持续发展。

三、绿色小水电站创建

发展绿色小水电是贯彻"创新、协调、绿色、开放、共享"发展理念、落实中央能源战略的迫切需要，是积极应对气候变化、维护国家生态安全的重要举措，是坚持人水和谐、推进水生态文明建设的必然选择，是加快转变小水电发展方式、实现提质增效升级的内在要求。而绿色小水电站的创建工作是推进绿色小水电发展的重要抓手和载体，是发展绿色小水电的根本。

各类依法依规建设、能够基本满足下游用水要求、无水事纠纷并具备《绿色小水电评价标准》（SL 752—2017）基本条件的小水电站，均可参加创建。在创建过程中，要符合国家相关部门制定的绿色小水电评价标准以及实行自愿申报、省级水行政主管部门初验、水利部审核、考核管理。

1. 绿色小水电评价标准制定

2007 年，中国水利水电科学研究院进行了"绿色水电认证指标体系及评估方法初步研究"。2009—2011 年，国际小水电中心承担了水利部公益性行业科研专项"我国绿色水电认证标准和评价体系研究",并受水利部农村水电及电气化发展局(以下简称"水利部水电局")委托,完成了水利部财政专项"绿色水电影响因素调查",通过对我国东南、东北、西南、西北 4 个区域 47 座水电站的实地调查,初步甄别了不同区域绿色水电的影响因素,构建了以"环境和谐绿色发展"为目标,"发展适度、环境良好、保障有效"为准则,包含 11 个要素 27 个指标的绿色水电评价指标体系。

2012 年 5—9 月,根据初步建立的绿色小水电评价标准,水利部水电局组织国际小水电中心等有关单位,在浙江、河北、贵州选择 15 座小水电站,开展绿色小水电实地评价;2013 年 11 月以及 2014 年 5—6 月,水利部水电局组织国际小水电中心和水利部农村电气化研究所等单位和行业专家,集中对 15 个省(自治区、直辖市)的 117 座小水电站开展了绿色小水电评价试点,听取了各地同行的意见与建议。2014 年 10 月,在杭州组织召开了"绿色小水电评价试点技术研讨会",结合评价试点过程中发现的问题及收集到的意见与建议,进一步研讨、修改绿色小水电评价标准,力求标准更具针对性和可操作性。同年,《绿色小水电评价标准》(SL 752—2017)作为水利行业标准正式立项。2017 年,标准正式颁布实施。

该标准适用于除抽水蓄能电站和潮汐电站以外的总装机容量 50MW 及以下的已建小型水电站。新建小型水电站的规划、设计及施工参照执行。该标准规定了绿色小水电评价的基本条件、评价内容和评价方法。

(1)基本条件。绿色小水电应满足下列基本要求:

1)符合经批准的区域空间规划、流域综合规划以及河流水能资源开发规划等,依法依规建设,并按《小型水电站建设工程验收规程》(SL 168—2012)通过竣工验收,且已投产运行 3 年及以上。

2)按《水利水电建设项目水资源论证导则》(SL 525—2011)和《水资源供需预测分析技术规范》(SL 429—2008)规定,下泄流量满足坝(闸)下游影响区域内的居民生活以及工农业生产用水要求。

3)评价期内水电站未发生一般及以上等级的生产安全事故、不存在重大事故隐患、工程影响区内未发生较大及以上等级的突发环境事件或重大水事纠纷,其分类分级标准执行相关规定。

(2)评价内容。绿色小水电评价内容包括生态环境、社会、管理、经济等 4 个评价大类别、14 个评价要素的共 21 个评价指标,见表 4-1。

2. 绿色小水电站创建流程

各类依法依规建设、能够基本满足下游用水要求、无水事纠纷并具备《绿色小水电评价标准》(SL 752—2017)基本条件的小水电站,均可参加创建。创建工作实行自愿申报、省级水行政主管部门初验、水利部审核、考核管理。

表 4-1 绿色小水电评价内容

类别	要素	指标	赋分权值
生态环境	水文情势	生态需水保障情况	15
	河流形态	河道形态影响情况	3
		输沙影响情况	2
	水质	水质变化程度	5
	水生及陆生生态	水生保护物种影响情况	5
		陆生保护生物生境影响	5
	景观	景观协调性	5
		景观恢复度	5
	减排	替代效应	5
		减排效率	5
社会	移民	移民安置落实情况	6
	利益共享	公共设施改善情况	4
		民生保障情况	4
	综合利用	水资源综合利用情况	4
管理	生产及运行管理	安全生产标准化建设情况	6
	小水电建设管理	制度建设及执行情况	4
		设施建设及运行情况	4
	技术进步	设备性能及自动化程度	4
经济	财务稳定性	盈利能力	3
		偿债能力	3
	区域经济贡献	社会贡献率	3

（1）自愿申报。创建单位应当按照《水利部关于推进绿色小水电发展的指导意见》制定绿色小水电站创建方案，并认真组织实施。创建任务完成后，汇总资料，开展自评，填写"自检表""申报表""计算表"，汇编佐证材料，并制成电子版申报材料。自检结果达到《绿色小水电评价标准》（SL 752—2017）要求的，可填写"绿色小水电站申报表"，向所在地县级以上地方水行政主管部门逐级申报。

（2）省级水行政主管部门初验。省级水行政主管部门结合本地绿色小水电站创建工作重点，组织专家依据《绿色小水电评价标准》（SL 752—2017）对申报的小水电站进行初验。初验包括申报材料合规性审查和现场检查。对通过初验的小水电站，省级水行政主管部门应当在相关媒体上进行公示，接受公众监督。经公示无异议的小水电站，由省级水行政主管部门提出推荐意见，并报水利部。

（3）水利部审核。水利部或其委托的有关单位，组织对通过省级水行政主管部门初验的小水电站进行审核。通过审核并公示后，向创建单位颁发证书和牌匾。

（4）考核管理。"绿色小水电站"称号的有效期一般为3年，电站每年开展绿色发展情况自我检查，省级水行政主管部门定期组织复核，水利部不定期抽查。凡有效期内复核、抽查不合格且整改后仍不合格，或存在弄虚作假等违法违规行为的，撤销"绿色小水电站"称号。

绿色小水电创建成果审核要点详见表4－2。

表 4－2　　　　　　　　　　绿色小水电创建成果审核要点

审核步骤		审核材料	审核重点	专家要求	成果要求
省级水行政主管部门初验	合理性审查	1. 绿色小水电站申报表 2. 绿色小水电自检表 3. 绿色小水电站创建成果佐证材料汇编 4. 水文情势、节能减排情况、经济指标计算表	1. 申报材料是否完整 2. 申报材料是否按要求填写完整 3. 是否满足绿色小水电站申报的基本条件 4. 生态需水保障情况指标是否达标以及证明资料是否完整、合理、有效	各省（自治区、直辖市）自定	1. 有关意见应在申报表中体现（待现场复核完成后，在申报表中签署） 2. 是否形成单独的审查意见，各省（自治区、直辖市）自定
	现场复核（视情况）	1. 合规性审查材料 2. 现场汇报材料 3. 现场待查材料	1. 与当地主管部门、电站管理和技术人员等相关人员座谈，全面了解绿色小水电站创建工作情况 2. 查阅相关资料，逐一复核自检表中各项指标评分 3. 对电站闸坝、库区、厂房及厂坝间河段等区域进行现场检查，重点复核坝（闸）下泄流量要求的满足情况，生态流量泄放设备设施等	组长负责制，专家组成员不少于3人，2位专家需从专家库内选出	1. 现场关键部位照片 2. 绿色小水电站创建省级初验现场检查专家意见 3. 在申报表中签署意见（合规性审查、现场复核及省级推荐意见）
	省级公示	公示应附县级以上地方水行政主管部门已签章同意上报的申报表和自检表（不含证明材料）	公示后有异议的，应组织专家组复核	仅针对公示有异议的，专家要求与现场复核要求相同	1. 省级媒体公示 2. 公示期不少于7天 3. 在申报表中明确公示结果

续表

审核步骤		审核材料	审核重点	专家要求	成果要求
水利部审核	资料审核	1. 绿色小水电站申报材料（签章完整的省级合规性审查对应的材料） 2. 省级初验专家意见	1. 申报材料是否完整 2. 申报材料是否按要求填写完整（经批复的生态需水量、各级意见及签章） 3. 电站是否满足绿色小水电站申报的基本条件，生态流量是否有批复依据 4. 逐一复核自检表中各项指标评分，重点关注水文情势、水质、生产及运行管理、小水电建设管理以及初验专家评议与自评不一致的指标，查验相关证明资料是否完整、合理、有效	组长负责制，每站审核专家不少于3人，均需从专家库内选出	1. 绿色小水电站创建部级资料审核专家意见 2. 水利部技术审核结果及建议（总体情况，推荐免于现场复审的名单及理由，建议现场复审的名单、理由及现场复审分组建议，不予推荐的名单）
	现场复核（视情况）	1. 资料审核阶段相关材料 2. 资料审核专家意见 3. 电站自评、省级初验、资料审核后的得分表 4. 现场待查材料	1. 省级初验现场复核相应内容（资料无法充分体现及佐证材料不足的内容） 2. 复评各阶段评分不一致的指标	评估专家3～5人，水电站所在省（自治区、直辖市）的专家不得超过2/3，且不得作为组长	1. 专家组织及相应发文 2. 水利部现场复核专家意见 3. 现场关键部位照片取证
	评定委员会审定	1. 待审定电站的创建材料 2. 汇报材料 3. 绿色小水电站审核意见表	1. 最终上报材料的完整性 2. 申报及审核程序是否合规 3. 电站整体观感是否达到绿色的直观要求 4. 生态泄放方式、生态流量保障措施及设备设施是否到位有效 5. 是否存在争议或不良社会反响	评定委员会各成员单位代表各1名，无记名投票，获2/3及以上支持	1. 绿色小水电站评定委员会会议评定意见 2. 审定待公示的名单

3. 绿色小水电站创建案例

小水电创建案例选取位于钱塘江支游浦阳江干流中上游的诸暨市王家井镇大砚石电站。2004 年 12 月 3 日，大砚石电站初步设计获诸暨市发展计划局批复，12 月 28 日开工建设。该电站于 2005 年 9 月 28 日通过初步验收进入试运行，2006 年 11 月 20 日通过竣工验收。

大砚石电站坝址以上流域面积为 $1000km^2$，堰上拦蓄水量为 35 万 m^3，是一座以防洪、灌溉为主，结合发电等综合利用的水利设施。可满足下游 4833 亩农田引灌需求，并为上游沿江两岸 3000 亩农田提水灌溉创造条件。

电站为河床式开发，设计水头为 3m，装机 3 台，总装机容量为 480（3×160）kW，多年平均年发电量为 110 万 kW·h。

电站管理规范，注重环境保护工作，管理区干净整洁，环境优美，安全生产达到标准化一级，经水利部审核，最终得分 98 分，其中水文情势得分 15 分，符合绿色小水电站标准。

（1）基本条件复核依据。

1）符合经批准的区域空间规划、流域综合规划以及河流水能资源开发规划等。

2）依法依规建设，按《绿色小水电评价标准》（SL 752）通过竣工验收，且已投产运行 3 年及以上。

3）下泄流量满足坝（闸）下游影响区域内的居民生活以及工农业生产用水要求。

4）评价期内水电站未发生一般及以上等级的生产安全事故、不存在重大事故隐患。

5）评价期内水电站工程影响区内未发生较大及以上等级的突发环境事件或重大水事纠纷。

6）提供的评价资料齐全有效。

7）水文情势得分 15 分，满足不小于 12 分的要求，详见"生态环境方面指标评价依据"。

（2）生态环境方面指标评价依据。

1）水文情势（15 分）。

生态需水保障情况（15 分）：电站为保证上下游河道生态环境安全，在拦水堰坝最低处设立了无节制常开生态放水孔，保障生态流量满足环评批复不小于 $0.233m^3/s$ 的要求。通过上述措施，下游群众生活、生产和河道生态用水得到保障。综合评定得 15 分。

2）河流形态（5 分）。

河道形态影响情况（3分）：该电站为河床式电站，自然条件下可维持厂坝间河流相关特性，得3分。

输沙影响情况（2分）：大砚石电站位于钱塘江支流浦阳江干流中上游，河流含沙量较小，电站建设对河流输沙影响较小，得2分。

3）水质（5分）。

水质变化程度（5分）：诸暨市环境保护监测站提供的数据显示大砚石电站进水口、大砚石电站尾水监测点水质相比较，电站未引起水质类别降低，且不存在设备设施漏油污染水域以及生活生产污水未处理直排情况，得5分。

4）水生及陆生生态（10分）。

a.水生保护物种影响情况（6分）：根据诸暨市环境保护监测站编制的《建设项目环保设施竣工验收调查报告》和诸暨布林业局提供的证明，电站工程影响区内不涉及相关保护物种及鱼类三场，得6分。

b.陆生保护生物环境影响情况（4分）：诸暨市县环境保护监测站编制的《建设项目环保设施竣工验收调查报告》和诸暨市林业局提供的证明，电站工程影响区内不涉及相关保护物种，得4分。

5）景观（10分）。

景观协调性（5分）：电站厂区、办公区及周围环境照片显示景观非常协调，得5分。

景观恢复度（5分）：电站水土保持竣工验收意见及周边环境照片显示电站扰动土地整治、植被覆盖及恢复情况非常好，得5分。

6）减排（10分）。

替代效应（5分）：根据大砚石电站装机规模、正常蓄水位相应库容以及评价期（2015—2017年）的发电量，经规范性软件计算，替代效应均值为0.96t/kW，得5分。

减排效应（5分）：根据大砚石电站装机规模、正常蓄水位相应库容以及评价期（2015—2017年）的发电量，经规范性软件计算，减排效率均值为3.1kg/m³，得3分。

（3）社会方面指标评价依据。

1）移民（6分）。

移民安置落实情况（6分）：电站设计资料显示，大砚石电站不涉及移民，得6分。

2）利益共享（8分）。

公共设施改善情况（4分）：根据电站和王家井镇大砚石村签订的协议以及劳务支出凭据，大砚石电站改善了乡村道路、灌溉设施、供水设施、防洪设施等，得 4 分。

民生保障情况（4 分）：电站通过发电创收，多年为牌头镇小砚石村经济合作社提供经济补偿，分享电站投资效益，得 4 分。

3）综合利用（4 分）。

水资源综合利用情况（4 分）：电站设计资料显示，电站是以单一发电兴建的，无综合利用要求，得 4 分。

（4）管理方面指标评价依据。

1）生产及运行管理（6 分）。

安全生产标准化建设情况（6 分）：大砚石电站 2015 年获得农村水电安全生产标准化合格单位等级证书，得 6 分。

2）小水电建设管理（8 分）。

制度建设及执行情况（4 分）：大砚石电站在绿色小水电建设中制定了方案和监管机制，配备了专兼职管理人员，并通过文件的形式发布，落实了专项资金的投入，且对相关人员组织了业务培训，得 4 分。

设施建设及运行情况（4 分）：大砚石电站拦水堰坝上安装了视频监控设施，对下游河段实时监视，并上传至电站计算机视频监控系统，实现对电站生态流量泄放情况 24h 视频监测，建立了保护效果评估体系以及投入了废旧资源循环使用的保障设施，得 2 分。

3）技术进步（4 分）。

设备性能及自动化程度（4 分）：大砚石电站机组效率等性能满足《小型水电站技术改造规范》（GB/T 50700）和《小型水力发电站设计规范》（GB 50071）的要求，调速器和励磁设备采用微机型，电气设备选用可靠性高、故障率低、少维护或免维护的安全、节能、环保产品，电站实现管理信息化并达到无人值班或少人值守的要求，得 4 分。

（5）经济方面指标评价依据。

1）财务稳定性（6 分）。

盈利能力（3 分）：根据评价期（2015—2017 年）的财务报表，提取相关数据，经规范性软件计算，销售净利率为 19%，得 3 分。

偿债能力（3 分）：根据评价期（2015—2017 年）的财务报表，提取相关数据，经规范性软件计算，资产负债率为 0.46%，得 3 分。

2）区域经济贡献（3 分）。

社会贡献率（3 分）：根据评价期（2015—2017 年）的财务报表，提取相关数据，经规范性软件计算，社会贡献率为 13.17%，得 3 分。

经济方面 3 项指标共计得分 9 分。

大砚石电站绿色水电站创建得分表见表 4-3。

表 4-3 　　　　　　　　大砚石电站绿色水电站创建得分表

序号	类　别	自　评		评　审	
		标准分	自评分	标准分	实得分
1	生态需水保障情况	15	15	15	
2	河道形态影响情况	3	3	3	
3	输沙影响情况	2	2	2	
4	水质变化程度	5	5	5	
5	水生保护物种影响情况	6	6	6	
6	陆生保护生物环境影响情况	4	4	4	
7	景观协调性	5	5	5	
8	景观恢复度	5	5	5	
9	替代效应	5	5	5	
10	减排效应	5	3	5	
11	移民安置落实情况	6	6	6	
12	公共设施改善情况	4	4	4	
13	民生保障情况	4	4	4	
14	水资源综合利用情况	4	4	4	
15	安全生产标准化建设情况	6	6	6	
16	制度建设及执行情况	4	4	4	
17	设施建设及运行情况	4	4	4	
18	设备性能及自动化程度	4	4	4	
19	盈利能力	3	3	3	
20	偿债能力	3	3	3	
21	社会贡献率	3	3	3	
22	经济方面	9	9	9	
	合　计	100	98	100	

第五章

中国小水电发展的科技支撑

第一节　中国小水电科技发展历程

小水电科技发展主要是指与小水电站相关的开发方式、水工建筑物、发电设备运行等方面的技术发展。

一、开发方式的发展

（一）河流梯级开发

从河流上游至下游，呈阶梯形修建一系列水电站称为河流梯级开发。梯级开发是中小河流开发的重要原则。梯级开发一般要求在满足河流生态和其他用水需求的前提下充分利用水能资源。梯级开发方案的选定是一个复杂的过程。根据河流的地形、地质、水文、社会经济及生态环境等实际情况，拟定出若干个开发方案，进行反复调整、不断优化，选出最优的梯级开发方案。开发方案需报请政府批准，审批后的方案不得随意更改，如因情况变化需要修编时，应报主管部门同意。河流梯级开发示意图如图 5-1 所示。

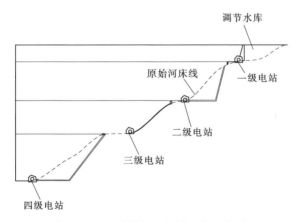

图 5-1　河流梯级水电站开发示意图

（二）无调节性能开发

无调节性能开发通常称为径流开发。水电站没有修建调节水量工程，而是根据河流天然径流，来多少水发多少电。中国早期修建的小水电站因受到社会经济、技术等限制，以径流开发为主。这种小水电站因为没有调节能力，一年中丰、枯季节电能变化大，即使一天内其出力也在变动。近年来，已不提倡这种开发方式，已建的电站需进行技术改造，增加调节水量工程等。

（三）有调节性能开发

根据调节能力大小，一般分为日调节、月调节、季调节、年调节（包括不完全年调节）、多年调节等。一天有 4h 的调节能力，可算为日调节。要提高调节能力，就必须修建蓄水工程，但建水电站会带来淹没农田、移民和环境保护问题。近年来，因修建水电站与淹地、移民和环保的矛盾较为突出，有些工程为此只好放弃调节性能好的开发方案。

（四）跨流域引水开发

为提高开发效益，增加水源，合理利用水头水量，中小河流也可考虑跨流域引水开发方式的可能性和合理性。例如，福建省龙门滩引水发电工程将闽江流域水引至晋江流域发电，湖南省慈利县赵家垭跨流域引水开发等。跨流域引水，因调出流域水量减少，对供水、灌溉、航运以及生态环境等产生不利影响，因此需要对流域水量平衡进行充分论证，并采取相应措施。跨流域引水开发方式在 20 世纪 90 年代较为盛行，随着生态水电开发理念的倡导，参照《水利部关于推进绿色小水电发展的指导意见》中"原则上限制建设以单一发电为目的的跨流域调水或长距离引水的小水电"的规定，因此，目前该开发方式较为少用。

二、水工建筑物的发展

（一）蓄水建筑物

1. 土石坝

（1）我国历史上有文献记载的土石坝可追溯到公元前 598—前 591 年。

（2）新中国成立前用现代技术修建的土坝仅甘肃的鸳鸯池水库大坝一座，20 世纪 50 年代几次扩建后坝高 37.8m。

（3）新中国成立后土石坝建设可分为以下三个时段：

1）1949—1957 年。以防洪治水为目的，从治理淮河开始，兴建了一批土坝，坝高都在 50m 以下，坝型均为均质土坝或黏性土心墙砂砾石坝。那时地基的防渗措施主要是开挖回填黏土截水墙或在上游采用黏土铺盖；施工基本依靠人力，配合少量轻型机具。其中，最具代表性的工程有淮河上游河南省境内的石漫滩、板桥、白沙、薄山、南湾等水库大坝；北京永定河上的官厅水库大坝；辽宁浑河上的大伙房水库大坝等。受到施工设备的限制，那时堆石坝并没有得到发展，唯一的一座堆石坝是四川长寿龙溪河梯级水电站中的狮子滩工程。

2）1958—1980 年。此阶段全国掀起建坝高潮，坝高一般达到 80m，个别达到 100m 量级。此时坝型仍以均质土坝及黏性土心墙或斜墙砂砾石坝为主。大部分工程仍以人力施工为主。在筑坝技术方面，除碾压式土石坝外，还发展了只需少量简易机械的水中填土、水力冲填、定向爆破等型式。

堆石坝仍受到施工设备的限制，没有大的发展。定向爆破筑坝技术从 1958 年开始应用，1960 年修建广东南水定向爆破堆石坝。这一时期也修建了一些抛填式堆石坝。

这一时期有突破性进展的是深厚砂砾石地基的防渗处理，引进和发展了混凝土防渗墙技术。高压喷射灌浆技术也有所应用，开发了旋喷、定喷、摆喷等工艺，但多用于临时性工程或低水头建筑物的地基防渗。在勘测设计和试验研究方面也有很大发展，土工试验已有规范，并在全国推广。

3）1980 年至今。进入 20 世纪 70 年代后期，土石坝建设步入了健康发展的轨道，在科学试验和设计理论与方法等方面已进入国际先进行列。此时施工设备的发展打破了先前的限制，以重型土石坝施工设备武装起来的大型施工企业已有能力在合理工期内完成大量土石方的开挖和填筑。特别是有可能大量使用堆石材料，大大提高了土石坝的安全性和经济性。混凝土面板堆石坝也是从该时期开始在我国兴建的。与国外相比，我国混凝土面板堆石坝起步虽然较晚，但起点高，发展快，十余年来已在全国普遍推广，增强了土石坝在坝型比较中的竞争力。

现今，以碾压式土石坝为主导的思想已取得共识。在碾压式高土石坝中，已逐步形成土质心墙（或斜心墙）堆石坝和混凝土面板堆石坝两种主导坝型，前者一般用于深厚覆盖层上的高坝，后者已扩展到 200m 量级的高坝。沥青混凝土防渗技术也开始发展并在天荒坪抽水蓄能电站和三峡茅坪溪大坝中得到应用。

（4）土石坝广泛应用的原因：筑坝材料可以就地取材，可节省大量钢材和水泥，免修公路。具有能适应地基变形，对地基的要求比混凝土坝要低且结构简单，工序少，工作可靠，便于组织机械化快速施工、维修、加高和扩建等优点，但其缺点也很明显，如坝顶不能过流时，必须另开溢洪道，施工导流不如混凝土坝便利，对防渗要求高，因为剖面大，所以填筑量大而且施工容易受季节影响。

2. 砌石坝

中国现在运行较早的砌石坝是公元前 250 年修建的都江堰枢纽工程和公元

前 214 年建成的灵渠溢流重力坝，公元 883 年浙江省鄞县建成了长 126m、高 27m 的它山溢流重力坝，1927 年福建省厦门市建成了高 27.3m 的上里拱坝。新中国成立后，1957 年广西桂平县修建了坝高 37.6m 的金田重力坝，1959 年湖南省湘乡县建造了坝高 35.4m 的水府庙重力坝。另外，20 世纪 50 年代还曾在广东、浙江和湖南等省修建了一批混合坝。总之，20 世纪 60 年代以前，中国的砌石坝是处在试建阶段，建成运行的工程不足 50 座，且坝高均在 50m 以下。

在 20 世纪后期，中国的砌石坝建设大体上经历了 60 年代全面起步、70 年代全面发展、80 年代全面提高、90 年代全面进步四个阶段。所谓全面就是指建坝座数、结构型式、设计水平、砌坝技艺、运行监控、病害治理、工程效益及技术法规等各个方面。

3. 碾压混凝土拱坝

(1) 碾压混凝土拱坝建设可分为以下两个时期：

1) 探索期 (1989—1995 年)。当时，我国碾压混凝土筑坝技术发展只有十几年历史，但是，重力坝坝型的局限性，影响了适合兴建拱坝坝址采用碾压混凝土筑坝技术，建设的需求提出了新课题，要研究发展碾压混凝土拱坝筑坝技术。

碾压混凝土拱坝与碾压混凝土重力坝不同之处是其受力的整体性要求不同。当时，贵阳勘测设计研究院设计的普定水电站大坝选定为碾压混凝土重力拱坝，正值国家"八五"重点科技攻关项目"高坝建设关键技术研究"立项，经专家论证，"普定碾压混凝土拱坝筑坝新技术研究"被选中为国家"八五"重点科技攻关专题项目之一。

2) 发展创新期 (1996 年至今)。我国碾压混凝土拱坝筑坝技术经过五年的实践探索，积累了丰富的实践经验，并在碾压混凝土拱坝坝高、坝型和坝体结构方面有重大突破。在近十年来又有很大发展与创新，使我国碾压混凝土拱坝筑坝技术始终走在世界前列。

(2) 中国碾压混凝土拱坝筑坝技术实践证明，碾压混凝土筑坝技术完全可以适用任何拱坝坝型，在适合的地质、地形条件下，采用碾压混凝土拱坝坝型，可以达到工期短、投资省的综合效果；修建碾压混凝土拱坝，一般不受气候条件和地域条件限制；碾压混凝土拱坝体形和结构设计，为方便施工，应尽量简化，但对比较复杂的体形（如双曲拱坝）、比较复杂的结构（如坝体布置中、表泄洪孔，设应力释放人工短缝），也可以施工，并能保证工程质量；碾压混凝土材料自身防渗性能完全可以满足水工防渗设计要求，对于小于 50.0m 的碾压混凝土拱坝，可以直接用三级配碾压混凝土和变态混凝土坝体防渗，对于大于 70.0m 的高碾压混凝土拱坝，可以用二级配碾压混凝加变态混凝土坝体防渗，对于百米以上高碾压混凝土拱坝，考虑安全问题，可以在上游坝体死水位以下表面加喷涂或粘贴一层防渗材料；高碾压混凝土拱坝采用的整体三维有限元分析方法，合理地考虑了拱坝整体刚度与地基的相互作用，较好地模拟复杂的地质条件，可以对不同的拱坝结构分别布置方案和施工进度，计算出拱坝施工期、蓄水期和运行期的温度场及温度应力。我国自己开发研制的碾压混凝土配合比数据库和配合比计算机辅助设计方法，是在实践基础上的科学总结，可以在碾压混凝土拱坝设计和施工中应用。

（二）泄洪建筑物

1. 泄洪方式

根据泄洪建筑物在整体布局中的位置，泄洪方式可分为以下三大类。

（1）岸边泄洪。岸边泄洪建筑物有岸边溢洪道和泄洪洞，另外还有坝肩滑雪道式溢洪道。这种泄洪方式具有将水流送至较远地方的特点，使泄洪水流远离大坝，避免水流冲刷坝基而威胁大坝安全。岸边泄洪对于土石坝、砌石坝、混凝土坝皆可使用，但对于土石坝因坝身不能布置泄洪建筑物，只能采用岸边泄洪。

若库岸存在高程适合的垭口，则是修建溢洪道的理想地形，工程量较小；若遇高坡陡岸，则修建溢洪道开挖量大，高边坡护砌处理工作量也很大。在岸边地形条件不宜布置溢洪道时，也可采用泄洪洞，泄洪洞一般布置在凸岸。小水电工程很少采用泄洪洞泄洪方式。

（2）坝身泄洪。泄洪建筑物一般布置在河道中央或河道一侧，洪水通过坝身表孔下泄。另外，还可通过坝身中孔、深孔、底孔等多类孔口下泄洪水。小水电工程一般采用表孔泄洪方式。坝身泄洪只适用于混凝土坝和砌石坝，它是一种较为经济的泄洪布置方案。

坝身表孔泄洪，有的采用开敞式泄流，有的设置闸门控制泄流。小水电工程多处在边远山区，为便于管理，节省投资，在不影响上游淹没情况下，可不设闸门。

（3）组合式泄洪。由于泄洪量大、河谷狭窄或地质条件等原因，少数工程需要同时采用岸边泄洪和坝身泄洪组合泄洪方式。

2. 泄洪消能技术

60年来，特别是改革开放以来，中国水力学研究密切结合工程建设实际，为水电工程建设提供了技术先进和安全经济的泄洪消能方案。泄洪消能对于水电工程安全经济至关重要，它常影响和改变工程枢纽布置和坝型选择。如砌石拱坝多推荐采用坝身表孔泄洪，但泄洪单宽流量不宜太大，一般控制在 $40\sim50\mathrm{m}^3/\mathrm{s}$。一些工程因为泄洪单宽流量太大，不能保证砌石拱坝泄洪安全，只好改变坝型，建砌石重力拱坝等。

目前新型的消能工可分为三大类，即收缩式（窄缝挑坎和宽尾墩）、扩散式（大差动挑坎、斜切挑坎、舌型挑坎、短边墙扩散挑坎）、水舌碰撞式及水垫塘式等。小水电工程以往常用传统的连续坎挑流消能，近年来，各地结合工程实际，经过试验优化，大胆地采用新型消能工，并经过一定洪水考验，消能效果理想。小水电工程采用新型消能工历史不长，还需进一步实践和总结。

（三）发电设备运行

目前，小水电设备技术水平已有显著提高，主要表现为：小水电设备开始由常规设备向微机型设备转型，自动控制系统进入计算机数字控制阶段。经济较发达地区已采用了先进的调度自动化系统和变电站综合自动化系统，部分水电站和变电站实现了无人值班。技术改造和节能技术在各地也普遍得到推广应用，一些小水电站通过采用置换高效转轮、新型励磁装置等新技术和新装备，设备效率大幅提高，取得了可观的经济效益。水轮机按工作原理可分为冲击式水轮机和反击式水轮机两大类。目前，全国共有水轮机标准型号 26 个，合计 83 种产品，水头适用范围为 2.5～400m，单机容量由几千瓦到 12000kW，可适应各种环境的需要。

第二节 中国小水电科技发展存在的问题

中国小水电经历百余年的发展，虽然在小水电站的数量和装机容量等方面均居世界第一位，且遥遥领先，但科技发展仍面临一系列问题，其对小水电的支撑作用有待进一步提高。

一、流域水电规划与设计阶段

（1）投融资方面，政府政策支持力度不够，小水电开发资金大部分是向商业银行贷款。取消农村水电建设专项贷款后，小水电开发主要依靠当地商业银行贷款。但小水电地处贫困山区，当地商业银行多为"贷差"行，资金有限，由上级银行拨付转贷，又会加大放贷成本和风险，造成贷款渠道不畅。小水电企业信贷融资渠道单一、负债比例高，贷款难度大，阻碍了小水电的进一步发展（陈绍清，2008；陈创新，2012）。

（2）小水电站建设、运行面临多方面的风险，具体可分为安全机构及规章制度不健全、安全施工意识弱、施工现场管理混乱以及施工设备老化严重等。目前，国内尚未出台相关规范、规程，仅于 2014 年颁布实施了《大中型水电工程建设风险管理规范》（GB/T 50927—2013），该规范所涉及的风险因素绝大部分集中于经济、社会和生态环境领域（中华人民共和国住房和城乡建设部，2014）。此外，已有研究成果所提出的小水电风险因素亦有待进一步完善（江超，2010；陈创新，2012；叶碎高，2006；王慧等，2014；江波等，2014）。

（3）在小水电设计过程中，对国际流行的"一体化设计"的概念和方法整体认识已有一定的提高（程夏蕾等，2007），有关生态流量等"绿色水电"概念在规范中已有体现，但在项目的建设实施过程仍有待深入探讨；电站设计时由于缺少必要的水文资料，导致电站建成后实际的来水量和水头与设计工况不符或电站由于泥沙淤积，下游水位提高，使得电站的发电水头降低，导致机组的运行工况偏离最优工况。

二、电站建设运行阶段

（1）目前，我国农村小水电上网电价的协调定价机制缺失，降低了小水电站的盈利能力。定价方式主要采取政府定价的方式，政府部门对农村小水电上网的最低电价和最高电价进行了限定。主要问题包括以下几个方面：

1）小水电电价的形成缺少针对性强的法律、法规或政策。

2）定价方式不适应市场公平竞争的要求，现有上网电价测算机制不合理，导致上网电价水平偏低。

3）发电站（厂）、供电单位和用户三者之间的利益难以协调，地方电网与国家电网、发电企业与电网、用电企业与电网之间的矛盾突出，利益相关方的协调机制严重缺失。

4）"厂电直供"方案难以实施（刘文，2007）。

5）未实行统一的上网标杆电价及最低保护电价，且定价审批还遵循"一站一批、一站一价"的模式。

（2）运行管理方面，主要问题包括以下几个方面：

1）小水电企业管理体制机制落后，员工技术水平偏低，严重制约小水电站运行管理的科学化和现代化。

2）小水电站平均利用小时数较低，由于我国小水电站是采用径流式技术，所以导致保证出力和电容量系数偏低，造成我国小水电站平均利用小时数较低。

（3）小水电安全生产工作目前存在的主要问题如下：

1）电站管理人员安全意识淡薄。工作人员在上岗时没有经过安全操作规范的培训。

2）运行管理人员素质偏低，存在无证上岗现象。

3）监管机构不健全，监管力度不够。

4）老电站安全隐患多，设备老化严重，且部分电站在设计阶段未考虑长远，导致技改难度大（张益，2006；周迎春，2009；周丽娜等，2011）。

三、科研与设备制造

（1）在小水电站的建设和运行过程中，尚存在以下基础性问题有待解决：

1）系统生物对外来强干扰的适应性机理尚不清楚，有待深入研究。

2）小水电工程建设对河流水沙变化的影响缺乏有效的量化手段，需要予以重点关注（麻泽龙等，2006）。

3）已建小水电站的流域，水资源在工农业和生态环境间的配置方式有待进一步优化。

4）小水电梯级开发中，多级壅水建筑物的修建，其影响河流水质以及河道流态介质的内在机理尚不明确。

5）小水电的生态效益、宏观经济效益和社会效益难以量化。

6）生态流量核定及监测方式不明确，方法过多，需要试验研究适用于小水电的生态流量核定方法。

（2）设备制造方面。

1）国内设备厂商虽可满足国外水轮机组"量体裁衣"的要求，但机组生产设计成本过高，竞争力不足。

2）水电站设备老化严重。

第三节　中国小水电科技发展关键布局

小水电科技大致可以分为管理研究和应用研究两部分。其中，管理研究指采用现代化的信息技术和控制手段，对小水电发展过程中涉及的体制机制演变和支持政策等方面进行研究，以引领小水电科技发展。应用研究，通常具有较强的目的性和实用性，主要指在小水电领域进行的科技成果转化，并通过生产实践对小水电科技发展进行反馈。管理研究为应用研究提供指导依据，应用研究为管理研究提供实践案例和效果反馈，如图5-2所示。

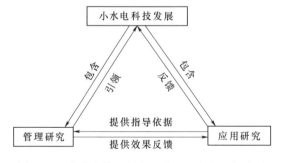

图5-2　小水电管理研究和应用研究的逻辑关系

小水电科技发展总体思路：按照党的十九大精神和《"十三五"全国农村水电规划》的要求，秉持"创新、协调、绿色、开放、共享"的发展理念，坚持小水电开发与自然相和谐，积极突破小水电发展中成本高、融资难以及水能资源配置不合理的三大瓶颈，大力发展"民生水电、平安水电、绿色水电、和谐水电"，支撑小水电可持续发展，如图5-3所示。

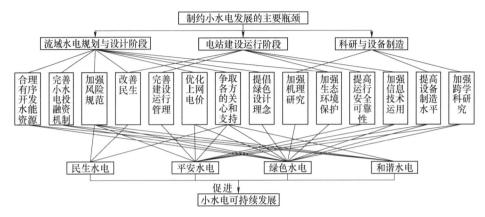

图5-3　小水电科技发展总体思路

一、小水电科技发展的管理研究

新时期，小水电科技发展管理研究的根本是要正确处理政府、市场和社会三者的关系，最终形成以政府制度引导为核心，政府调控和引导为主的社会参与，以及市场对小水电资源配置和管理的体系结构，如图5-4所示。

1. 政府

（1）为实现小水电水能资源的优化配置，建议：

1）建立健全农村小水电水能资源法规体系，加快制定《农村水电条例》，尽快出台《农村水能资源管理办法》。

2）明确水利、环保、发改等相关部门的职责，成立小流域综合管理委员会，编制流域水能规划，以"电站群"的方式对小水电站进行管理，提升小水电管理水平。

3）构建小水电水能资源评价指标体系，合理界定小水电的技术和经济可开发量。

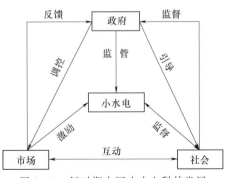

图5-4　新时期中国小水电科技发展
管理研究的战略框架

4）协同供电部门做好小水电规划，保证小水电的上网和对电网的有益补充。完善小水电的自供电区，在需要的地方建立供电区，以避免有电不能发，有用也不能发的情况。

5）加强行业管理。制定《农村水电站安全运行技术规定》，提出电站安全运行的必要条件，明确提出符合报废条件的电站应强制报废，以确保公共安全和电站生产安全。

（2）在小水电投融资领域，建议：

1）借助"一带一路"东风，加强小水电同国际金融机构的合作，建议亚洲基础设施投资银行、金砖国家新开发银行等新兴金融机构将小水电列为其贷款优先资助项目，吸引国际资金助力中国小水电"走出去"。

2）出台信贷、增值税优惠等扶持政策，确保小水电项目顺利实施。

3）国家小水电专项资金的配置要向贫困地区倾斜，不搞一刀切，也可以尝试由政府出资派专家组援助的技术扶贫来取代一部分直接拨款；西部水电资源较丰富的地区经济都较为贫困，经济增量很少，当地耗电增量也很少，这对于那些没有调节库容的小水电站要上大电网就不存在竞争优势，要给予政策保护。

（3）针对小水电领域存在的风险问题，建议：

1）从经济、社会、生态环境、文化、政治等五个方面进行分类，以期对存在的风险因素进行全方位的考虑，同时相关部门应加快有关规范、规程的编制工作。

2）加强对老旧电站的升级改造，淘汰老旧生产设备并加强电站员工运行安全培训。

（4）在改善民生方面，建议：

1）加大财政投入力度，积极推动小水电"精准扶贫"工作的开展，支持贫困地区合理开发小水电，重点选取部分水能资源丰富的贫困县，研究采取"国家引导、市场运作、贫困户持股并持续受益"的扶贫模式，建立贫困户直接受益机制（发改农经，2016）。

2）把小水电开发与山区水利建设、生态环境建设、特色产业发展等有机结合。

3）在以河流为单元进行生态修复和开展梯级联合调度的前提下，对2000年及以前投产的电站，在满足增效扩容改造要求的同时，以河流为单元组织编制农村水电增效扩容改造方案（水利部等，2016）。

（5）为了完善小水电建设运行管理，建议：

1）积极探索所有权、经营权、使用权三权分设的管理体制和"政府主导、企业运作、农民参与、协会监督"的运行机制，建立和完善现代企业制度。

2）加大智力投资，有针对性地加强职工培训，提高小水电站管理人员的整体素质与竞争力。

3）针对小水电自身特点，加强小水电新技术的研制与开发，改善技术装备水平，促进新技术商业化、市场化运作，提高市场竞争力。

2. 市场

（1）在小水电投融资领域，建议：

1）实施小水电站资产证券化，发展与小水电产业相关的绿色股票，鼓励社会资本投资小水电，建立小水电绿色发展产业基金。

2）成立小水电融资中介公司以及企业财务公司，协助中小民营企业在投资开发小水电的过程中解决融资前期资金以及知识储备不足等问题。

3）国家的政策性扶贫贷款中，要安排一定数量的经济不发达地区的小水电建设贷款。

（2）针对小水电上网电价存在的问题，建议：

1）综合考虑标杆电价的测算参数、装机容量、库容调节系数、增值税、平均社会生产成本、利润、税金、市场供求及政策变化等因素，构建更加合理的电价形成机制，完善电价听证制度。

2）考虑老旧增效扩容电站改造与新建电站的差异性，建立合理的小水电上网调价机制。

3）建立水生态保护的电价激励机制。

4）完善各利益相关方的协调机制，包括：在发电端，参加重组的地方小水电企业，按各自产权的比例持股，建立地方发电公司，参与发电端的竞争；在配电端，完善小水电企业的供电区并网，形成一个地方电网，组建独立的地方配电公司，可自主选择并网，也可直接向网外发电企业购电，参与配电端的竞争。

5）鼓励有条件的地区小水电与地方企业间实施"直供电"，直供电量的价格由发电企业与用户协商确定，并执行国家规定的输配电价。

6）制定支持小水电并入大电网运行的政策。小水电被列入国家可再生能源名单后，应享受保证可再生能源发电上网权和电量吸纳的有关政策规定，电网管理部门必须允许就近上网，并收购全部上网电量。

7）制定小水电上网电价保护政策。在实行厂网分开、竞价上网后，政府对小水电上网实行市场价格保护，不直接参与同常规能源的竞争，高出电网平均电价的部分列入电网维护费在全网分摊。

8）制定国家财政补贴政策。将小水电建设投资计划列入国家各级财政预算计划，国家从收取的排污税中每年拿出一定数量资金投入小水电建设，主要用于资本金配置、小水电技术进步、技术标准编制、质量检测和售后服务体系建设等。

3. 社会

（1）重视获得非政府组织的支持，保持沟通渠道通畅，创造相互学习交流的机会，根据项目需要聘请其作为专业顾问。例如，在水电站投资项目中，可就生态环境保护、资源利用等方面的问题，接洽专业的非政府组织，获取咨询及建议，提高项目质量。加大农村水电宣传力度，争取社会各界的关心和支持，为农村水电发展营造良好的舆论氛围。

（2）加强国际小水电中心和亚太小水电研究培训中心在中国小水电科技发展过程中的桥梁作用，开展系统而实际的科学调查与研究，建立系统有效的合作机制。建立涵盖资源、规划、审查、建设、运行、统计、安全、环保等领域的小水电开发全过程的信息应用及发布平台，实现水能资源规划、建设及运行过程无缝衔接（国际小水电中心，2015），适时披露信息并接受外界监督，巩固和维护水电企业形象。

（3）改革管理制度，完善水电系统机制。改革水电管理体制，对问题小水电进行合理整治，对已有的和在建的小水电工程进行全方位的、严格的环境影响评估、经济建设可行性分析，对项目能采取工程补救的，采取整改措施予以补救，对严重影响当地发展的水利面子工程，予以拆除。

二、小水电科技发展的应用研究

为确保我国小水电科技发展，在应用研究方面，仍有若干方面需进一步发展和提高。

（1）在小水电设计理念方面，需改变传统的"在安全、技术可行、经济合理的前提下，再考虑生态环境问题"的思维，而是向"绿色水电、生态水电"的方向发展，提高对国际流行的"一体化设计"理念的整体认知度（程夏蕾等，2007）。同时，依托我国现有的水能资源，在已建水库的下游，可以考虑增设绿色生态机组，以提高水能资源的利用率（翟利伟，2014）。

（2）在小水电开发中，应加强其机理方面的研究。

1）未来应加强对系统生物自调节机理研究，降低外来强干扰对系统生物的不利影响。

2）进一步量化水利工程建设对河流水沙变化影响，防治或减少水土流失。

3）保障河流水质，保证水体富营养化的最小临界流速，减少水质性缺水带来的损失。

4）通过构建可计算一般均衡模型，建立区域投入产出表，量化小水电社会效益、宏观经济效益和生态效益。

（3）在生态环境环保方面，加强生态水工学理论研究和在小水电设计与建设中的实践应用，利用生态工程减少对景观的影响，如种植植被、堤坝近自然化，加固岸坡并加建辅助性水工建筑（赵建达等，2006）；加快推进绿色小水电评价工作的实施，推广绿色小水电建设在减水河段治理、最小下泄流量监管等方面的经验，进一步规范绿色小水电的建设与管理工作，引导农村水电行业更好地落实生态环境保护要求；建设环境友好的小水电示范电站，扩大开发领域，如低水头灌溉系统小水电站。

（4）在小水电站运行方面，提高机组运行安全可靠性。

1）电站运行应按照规程规范要求，采用"两票三制"、检修管理、设备评级等措施，提高机组运行安全可靠性。

2）完善备品备件和安全工器具管理，设置安全警示标志标识，加快小水电安全生产标准化管理。

3）对老旧设备进行更新换代，提高设备运行的可靠性以及提升电站运行效率。

（5）在信息技术方面，建立基于 GIS 和 GPS 的小水电数据库以及小水电站仿真数字模拟系统；融入"互联网＋"思维，以小水电智慧管理平台（主要模块包括电站数据中心、传输网络、视频网络、电站监控、大坝监控、水情测报、水库调度及电站管理终端等）为依托，将各电站数据传输到数据中心，发展基于大数据的小水电信息挖掘以及电力智能预测业务，对电力设备的运行管理进行精准调度、故障诊断和状态检修等，最终建立集公共安全、生态安全、优化调度于一体的"协同作战"的小水电智慧管理新模式（张巍等，2015；发改委，2016）。

（6）在小水电设备制造技术方面，以现有小水电科研平台为基础，加大高校和科研机构对小水电的科研投入，引进消化吸收国外先进的小水电产品，提升设备的开发和改造水平，提高小水电设备制造厂商的整体竞争力（方玉建，2014）。

（7）加强对小水电跨学科研究的协调力度，支持小水电行业和其他产业（如风能产业）间在机电设备、控制及监控技术等方面开展合作，互通信息，以此避免科研资源的重复和浪费（李志武等，2007）。

第四节　中国小水电科技发展路线图

从整体上看，各项任务之间要相互衔接，形成统一的时间表，中国小水电科技发展改革路线见表 5-1。

表 5－1　　　　　　　　　中国小水电科技发展改革路线

序号	中国小水电科技发展改革任务	时 间 表			
		2018 年	2025 年	2030 年	2035 年
1	加大高校和科研机构对小水电的科研投入，引进消化吸收国外先进的小水电产品				
2	建立基于"互联网＋"思维的小水电智慧管理新模式				
3	建立基于 GIS 和 GPS 的小水电数据库以及小水电站仿真数字模拟系统				
4	加快小水电安全生产标准化管理				
5	采用"两票三制"、检修管理、设备评级等措施，提高机组运行安全可靠性				
6	建设环境友好的小水电示范电站				
7	加强生态水工学理论研究和在小水电设计与建设中的实践应用				
8	构建可计算一般均衡模型，量化小水电社会效益、宏观经济效益和生态效益				
9	在已建水库的下游，可以考虑增设绿色生态机组				
10	提高对国际流行的小水电"一体化设计"理念的认知度				
11	建立小水电信息应用及发布平台				
12	考虑电站差异性，建立合理的小水电上网电价调整机制				
13	完善"三权分设"的管理体制和多方参与的运行机制				
14	支持贫困地区开发小水电，探索小水电扶贫模式				
15	编制以河流为单元的农村水电增效扩容改造方案				
16	积极推动"小水电代燃料工程"的有效实施				
17	加快推动实施 CDM				
18	成立小水电融资中介公司以及企业财务公司				
19	出台信贷、增值税优惠等扶持政策				
20	构建小水电水能资源评价指标体系				
21	对已建和在建的电站进行全面的清查				
22	加快制定《农村水电条例》，尽快出台《农村水能资源管理办法》				
23	加强小水电跨学科研究，支持小水电与其他产业开展合作				
24	加快推进绿色小水电评价工作的实施				
25	保证水体富营养化的最小临界流速				
26	进一步量化水利工程建设对河流水沙变化的影响				

续表

序号	中国小水电科技发展改革任务	时间表			
		2018 年	2025 年	2030 年	2035 年
27	加强对系统生物自调节机理的研究				
28	重视获得非政府组织的支持，营造良好的舆论氛围				
29	鼓励有条件的地区小水电与地方企业间实施"直供电"				
30	完善各利益相关方的协调机制				
31	建立水生态保护的电价激励机制				
32	构建更加合理的电价形成机制，完善电价听证制度				
33	小水电开发与山区水利建设、生态环境建设、特色产业发展等有机结合				
34	从经济、社会、生态环境、文化、政治等五个方面进行分类，并加快有关规范规程的编制工作				
35	实施小水电站资产证券化，建立小水电绿色发展产业基金				
36	明确水利、环保、发改等相关部门的职责，成立小流域综合管理委员会				
37	加大智力投资，加强职工培训				
38	借助"一带一路"东风，加强小水电同国际金融机构的合作				

第六章

中国小水电参与"一带一路"倡议

第一节 "一带一路"倡议下中国小水电国际合作与开发

一、"一带一路"倡议的背景

丝绸之路是西汉张骞出使亚洲中、西部地区开辟的以长安（今陕西西安）为起点，经关中平原、河西走廊、塔里木盆地，到锡尔河与乌浒河之间的中亚河中地区、大伊朗，并联结地中海各国，连接亚洲、非洲和欧洲的古代陆上商业贸易路线，从运输方式上分为陆上丝绸之路和海上丝绸之路。丝绸之路是东方与西方之间在经济、政治、文化进行交流的主要道路，它最初的作用是运输丝绸、瓷器等商品。

陆上和海上丝绸之路共同构成了我国古代与欧亚国家交通、贸易和文化交往的大通道，促进了东西方文明交流和人民友好交往。在新的历史时期，沿着陆上和海上"古丝绸之路"构建经济大走廊，将给中国以及沿线国家和地区带来共同的发展机会，拓展更加广阔的发展空间。

2013 年 9—10 月，国家主席习近平在出访中亚和东南亚国家期间，先后提出共建"丝绸之路经济带"和"21 世纪海上丝绸之路"（简称"一带一路"）的重大倡议，得到有关国家的积极响应。此后，"一带一路"倡议的相关部署迅速推进。任何一个国家战略的提出与实施，都离不开其所面临的国内外局势，以及内政外交的发展需要。"一带一路"倡议也不例外，作为当前国家综合性大战略，必然有其纵深的战略考量。"一带一路"作为中国首倡、高层推动的国家战略，对我国现代化建设和全面建设小康社会具有深远的战略意义。"一带一路"战略构想的提出，契合沿线国家的共同需求，为沿线国家优势互补、开放发展开启了新的机遇之窗，是国际合作的新平台。"一带一路"倡议，是我国最高决策层主动应对全球形势深刻变化、统筹国内国际两个大局作出的重大战略决策，是关乎未来中国改革发展、稳定繁荣乃至实现中华民族伟大复兴中国梦的重大"顶层设计"，具有深刻的历史和时代背景。

二、国际能源合作与小水电

从分布上来看,"一带一路"连接世界各国,东起活跃的东亚经济圈,西至发达的欧洲经济圈,经济发展潜力巨大的发展中国家地处中间广大腹地,沿线分布着世界最主要的能源生产国、消费国和通道国,是世界经济与能源的心脏地带,而能源合作是"一带一路"倡议的重要基础和支撑。

2015 年 3 月 28 日,国家发展改革委、外交部、商务部联合发布《推动共建丝绸之路经济带和 21 世纪海上丝绸之路的愿景与行动》,成为国家提出该战略以来纲领性的指引文件。全文通过"时代背景、共建原则、框架思路、合作重点、合作机制、中国各地方开放态势、中国积极行动、共创美好未来"等八个部分详述计划蓝图,并以"政策沟通、设施联通、贸易畅通、资金融通、民心相通"等五个方面阐释了合作重点(商务部,2015)。

所谓"大能源"合作,主要体现在三个层次的"大"合作:一是体现在基础设施建设"大"。正如文件指出,"加强能源基础设施互联互通合作,共同维护输油、输气管道等运输通道安全,推进跨境电力与输电通道建设,积极开展区域电网升级改造合作。"涵盖了石油、天然气、电力一次能源到二次能源的通道基础设施建设。二是体现在能源品种"大"。文件指出,"拓展相互投资领域,加大传统能源资源勘探开发合作,积极推动水电、核电、风电、太阳能等清洁、可再生能源合作,推进能源资源就地就近加工转化合作,形成能源资源合作上下游一体化产业链。加强能源资源深加工技术、装备与工程服务合作。"这包括传统化石能源与新兴可再生能源全品种的"大"合作。三是体现在平台机制"大"。文件指出,"加强科技合作,共建联合实验室(研究中心)、国际技术转移中心、海上合作中心,促进科技人员交流,合作开展重大科技攻关,共同提升科技创新能力。"这包括了从技术合作交流层面的多重形式和机制,为技术输出转化、人才培养、知识共享铺平了道路。在这一战略背景下,水电作为技术成熟、清洁的可再生能源被国家文件列为首要的能源合作领域,而小水电作为以分布式为主的电源类型,能避开大水电生态移民等环境问题,成为优化能源结构、实现碳减排的重要途径,地位更加凸显。为此,随着上述"一带一路"倡议文件的出台,水电项目成为该倡议下第一批落地的合作项目。2015 年 4 月 20 日,巴基斯坦卡洛特中型水电项目成为中国出资 400 亿美元设立的"丝路基金"资助的第一个项目,也成为"一带一路"推进中的标志性事件。同日,中国国家主席习近平在访问巴基斯坦期间与谢里夫总理共同为"中巴小型水电技术国家联合研究中心"揭牌(国际小水电中心,2015)。这不仅说明小水电在"一带一路"倡议及能源合作行动计划中的特殊优势,也展示了中国与沿线国家未来在该领域合作的广阔前景。

三、"一带一路"倡议下的中国小水电国际合作

在"一带一路"倡议下，中国水利水电企业及科研机构在全球 70 多个国家和地区开展项目合作，包括工程建设、规划设计、设备出口、人员培训、标准国际化等，有效促进了所在国经济社会发展，得到了当地政府和民众的肯定。

在工程建设与规划设计方面，"中巴小型水电技术联合研究中心"已全面建成，双方继续深入开展小水电及农村电气化关键技术研发与项目示范建设，并探讨升级建设小型水电技术联合研发中心。水利部下属企业参与建设的巴基斯坦风光互补项目成为"一带一路"建设的第一批完工项目，也是央视选入丝绸之路宣传片的首个能源项目。

在小水电设备出口方面，坚持以质取胜，在国际市场上树立了中国小水电设备产品的良好信誉。坚持技术先行，在加强出口的同时结合鼓励企业增加科技投入进行技术改造，增强新产品、新工艺的研究和开发，利用技术优势支持设备成套出口业务；坚持名牌战略，选择骨干企业优先开发优质产品，培育名牌，加强设备出口的售后服务，树立出口企业的良好形象和信誉，这些措施均使得中国的小水电设备在国际市场的竞争中保持了良好的形象。此外，虽然目前很多国家都在进行小水电建设，但很多发展中国家一般都不生产设备，因此中国成套小水电设备的出口量与日俱增。据不完全统计，中国水利水电企业为30 多个国家和地区提供了小水电技术咨询与设备成套供货服务，积极推动非洲"成片开发小水电项目"。

在人员培训方面，中国政府高度重视与"一带一路"沿线国家的交流与培训工作。共有来自 113 个国家的 2595 名技术人员和政府官员参加培训，实现了培训地点从境内到境外，培训形式从多边到多双边，培训语言从英语单语种到英、法、俄多语种，培训级别从技术班、研修班到部长级高官班，培训内容从小水电技术到水利、水电、能源等多领域的五大跨越。同时，培训班注重水文化交流，基于民生水利与能源开发利用开展"水外交"。2018 年，水利部与教育部合作启动"'一带一路'水利高层次人才培训项目"，将连续 5 年以全额奖学金形式资助"一带一路"沿线及相关国家水利高层次人才来华攻读硕士生学位。项目拟培养约 150 名境外高级别人才，2018 年已成功招收来自亚洲、非洲、拉丁美洲等 16 个国家的约 30 名青年学员；水利部还与河海大学合作，向泰国、缅甸、老挝、越南、孟加拉国等湄公河流域国家近 60 名水利领域的政府官员或技术人员提供奖学金，资助来华参加水文及水资源、水利水电工程等领域的研究生培训。同时，水利部利用对外援助资金及多双边合作基金渠道，援助"一带一路"国家开展水资源综合规划、防洪规划，防灾减灾、供水

等项目，打造民生水利工程。

在小水电标准国际化方面，虽然我国小水电的技术已经相当成熟并且逐步建立起比较完整的小水电技术标准体系，但在"走出去"的过程中依然面临中国标准是否被国际接受的考验。近年来，我国企业在"走出去"投资和参与工程建设因标准不统一而产生分歧的事件也屡有发生。相比国际标准和其他国家，我国有世界独有的比较完整的小水电标准体系。发达国家小水电技术标准都采用美国、欧洲和国际组织的标准。除了少数发展中国家有自己的水电标准外，其他发展中国家基本上没有自己独立的水利水电标准体系，而是直接套用发达国家的标准。国内外小水电标准在标准体系和编制思路、标准的技术要求、标准名称和约束力及标准时效等方面差异明显，至今还没有小水电行业独立的规程规范系统。我国在丰富和完善自己的小水电技术标准的同时，将开展小水电标准国际化工作提上日程。因此，自 2018 年 9 月以来，水利部与联合国工业发展组织探讨合作制定小水电国际标准，ISO 技术管理委员会（TMB）会议于 2019 年 2 月投票通过制定《小水电技术导则：通用技术术语和设计技术导则》。2019 年 4 月 26 日，水利部与联合国工业发展组织、国家标准委签署关于协同推进小水电国际标准的合作谅解备忘录，打开了中国小水电向全球贡献智慧的新模式。

第二节　"一带一路"沿线国家小水电可持续性评价

一、概述

迄今为止，前人在水电可持续性评价方面开展了若干研究。针对小水电可持续性评价的相关研究主题进行文献调研，以"中国知网"和"Science Direct"为统计源，检索时间截至 2018 年 5 月，检索关键词设为："小水电""农村水电""可持续发展""绿色""评价""评估""指标""一带一路""走出去"等。对检索到的文献进行筛选整理，共获得 281 篇文献作为本章分析样本，包括期刊论文 265 篇、会议论文 4 篇、学位论文 12 篇。其中，与小水电评价相关的文献为 119 篇。

在小水电可持续性评价研究主题方面，上述文献主要分为小水电的综合评价和单项评价两类，其中，综合评价类文献包括小水电可持续性评价（11篇）、绿色小水电评价（5 篇）、其他综合评价（3 篇）；单项评价类文献包括小水电环境影响评价（24 篇）、政策评价（15 篇）、水工建筑物及设备运行评价（4 篇）、经济评价（49 篇）、生态评价（5 篇）、社会评价（3 篇）（Butera I and Balestra R，2015；Singal S K et al.，2008；Cavazzini G et al.，2016；

Varun et al.，2012；Singal S K et al.，2010；Tanwar N，2007；Ding Y F et al.，2011；Sachdev H S et al.，2015）。总体来看，在小水电评价类文献中，大部分为单项评价类文献，其中又以经济、环境影响评价为主；综合评价类文献以单一小水电站的评价或一国之内省市级层面小水电发展战略研究为主。

在小水电可持续性评价方法方面，发达国家早在 30 多年前已开展研究，一些国家和国际组织经过几十年的发展形成了较为系统的水电评价指标体系（李明生，2006；Bratrich C et al.，2004；IHA，2010）。具有代表性的包括瑞士绿色水电认证、美国低影响水电认证和国际水电协会水电可持续性评估。相对发达国家的研究，国内对小水电可持续性评价的研究于近年才起步，且主要从概念理念、发展战略、评价体系、标准制定以及实证分析等方面对单一水电站的可持续性开展评价（李娜，2015；刘德有等，2015；贾立敏等，2010；王兴振等，2012；禹雪中等，2012；水利部，2017）。据统计，国内外已有的小水电可持续性评价指标体系已经囊括经济、社会、生态环境、管理等类型的指标。但评价指标大多处于定性描述阶段，量化研究的相对较少，仅有中国《绿色小水电评价标准》（SL 752—2017）及少数研究对相关指标进行量化分析。从指标数量来看，定性类指标体系包含 11～28 个指标，平均数量为 21 个；定量类指标体系包括 14～16 个指标，平均数量为 15 个，见表 6-1。

表 6-1　　　　　　　　国内外小水电可持续性评价指标体系

序号	名　称	指　标　类　型	备注
1	美国低影响水电认证	河道水流、水质、鱼道和鱼类保护、流域保护、濒危物种保护、文化资源保护、公共娱乐功能、未被建议拆除等 8 个方面共 25 个指标	定性分析
2	瑞士绿色水电认证	水文特征、河流系统连通性、泥沙和地形、景观和栖息地及生物群落等 5 个方面共 11 个指标	定性分析
3	国际水电协会水电可持续性评估	环境、社会、技术和经济/财务等 4 个方面共 23 个指标	定性分析
4	小水电可持续发展综合评价指标体系	驱动力、压力、状态、影响、响应等 5 个方面共 28 个指标	定性分析
5	小水电可持续发展评价指标体系	生产性、稳定性、保护性、可行性、可接受性等 5 个方面共 26 个指标	定性分析
6	绿色小水电评价	环境保护、社会发展、经济效益和安全运行等 4 个方面共 12 个指标	定性分析
7	绿色小水电评价标准	生态环境评价、社会评价、管理评价、经济评价等 4 个方面共 21 个指标	定量分析
8	绿色小水电评价指标体系	自然生态和社会环境等两个方面共 16 个指标	定量分析

在评价过程中，往往需要综合运用指标体系和数学模型。其中，从数学模型来看，已有研究主要通过构建极限投资模型、可计算一般均衡模型、混合能源系统模型等对小水电的经济影响及成本控制等进行评价（张思法，1984；马静等，2015；Giovannac et al.，2016）。在综合评价方面，已有研究主要通过多级模糊评价、层次分析、主成分分析、生态能量分析等方法建立评价模型，对怒江、乌江等流域梯级电站或单一水电站进行定量评价（王露等，2016；张宇等，2007；张昕等，2009；张林洪等，2013；庞明月等，2014）。本章综合运用层次分析（AHP）、模糊评价方法建立评估模型，主要基于以下考虑：①所使用数据为截面数据，而非面板数据；②该模型可将主观评价与客观评价、定性分析与定量分析相结合；③该模型改进了传统层次分析法存在的问题，提高了评价结果的可靠性。

总体来看，相关研究已取得诸多成果，但仍有待进一步完善。目前仍缺少一套从国家层面，尤其是对"一带一路"沿线国家小水电可持续性进行综合评价的量化方法，对相关国家的小水电综合发展水平的认识不够明晰，不利于中国小水电参与"一带一路"倡议。因此，这里试图以"一带一路"沿线国家为研究对象，构建小水电可持续性评价指标体系，采用 AHP-模糊综合评价模型，从定量分析的角度，对有关国家小水电发展的可持续性进行评价，发现存在的问题，寻求对策，以期为中国与"一带一路"沿线国家在小水电领域开展合作提供决策参考。

二、"一带一路"沿线各国水能资源概况

2015 年 3 月，国家发展改革委等三部委联合发布《推动共建丝绸之路经济带和 21 世纪海上丝绸之路的愿景与行动》，指出加大煤炭、油气、金属矿产等传统能源资源勘探开发合作，积极推动水电、核电、风电、太阳能等清洁、可再生能源合作，推进能源资源就地就近加工转化合作，形成能源资源合作上下游一体化产业链。

推动新兴产业合作，按照优势互补、互利共赢的原则，促进沿线国家加强在新一代信息技术、生物、新能源、新材料等新兴产业领域的深入合作，推动建立创业投资合作机制。

这正是中国小水电走向国际的一个关键时期。在这一倡议背景下，水电作为技术成熟、清洁的可再生能源被国家文件列为首要的能源合作领域，而小水电作为以分布式为主的电源类型，能避开大水电生态移民等环境问题，成为优化能源结构、降低碳排放的重要途径，地位更加凸显。为此，随着上述"一带一路"倡议文件的出台，水电项目成为该倡议下第一批落地的合作项目。

2015 年 4 月 20 日，巴基斯坦卡洛特中型水电项目成为中国出资 400 亿美

元设立的"丝路基金"资助的第一个项目，也成为"一带一路"推进中的标志性事件。同日，中国国家主席习近平在访问巴基斯坦期间与谢里夫总理共同为"中巴小型水电技术国家联合研究中心"揭牌。这不仅说明小水电在"一带一路"倡议及能源合作行动计划中的特殊优势，也展示了中国与沿线国家未来在该领域合作的广阔前景。水电作为当前技术最成熟、开发最经济、调度最灵活的清洁可再生能源，已经成为各国能源发展的优先选择。根据 2015 世界水电大会发布的资讯，目前，全球近 1/5 的电力来自水力发电，有 24 个国家 90%以上的电力需求由水力发电提供，有 55 个国家水电比例达到 50%以上。但各大洲开发程度并不均匀。目前，全球水电年发电量超过 3.7 万亿 kW·h，开发程度约为 25%，其中欧洲、北美洲、南美洲、亚洲和非洲水电开发程度分别为 47%、38%、24%、22%和 8%。根据国际水电协会资料，亚洲、非洲、南美将是今后水电建设的重点战场。根据联合国工业发展组织和国际小水电中心发布的《世界小水电发展报告 2016》，2016 年全球小水电装机容量估算为 78GW，相比《世界小水电发展报告 2013》数据，增加约 4%；小水电资源总潜力估算为 217GW，增幅超过 24%。总体而言，截至 2016 年，全球小水电资源总潜力已开发将近 36%。小水电装机容量约占全球总发电装机容量的 1.9%，占可再生能源总装机容量的 7%，占水电总装机容量（包括抽水蓄能）的 6.5%（10MW 以下）。作为全球最重要的可再生能源资源之一，小水电发展排名第四位，当前大水电装机容量排名第一位，随后是风能和太阳能。

　　截至 2018 年 5 月，"一带一路"连接东盟、阿盟、非盟、欧盟，东牵亚太经济圈，西系欧洲经济圈，中穿非洲，连接欧亚，辐射拉美，共涉及 76 个国家，其中大多是新兴经济体和发展中国家。这些国家普遍面临的问题是经济社会发展滞后、生态环境保护压力较大，二者相互制约，往往形成恶性循环，而电力短缺是其重要诱因之一。

　　"一带一路"沿线诸多国家水能资源丰富，至 2015 年，其小水电已开发装机容量和潜在可开发装机容量分别为 53.4GW 和 130.5GW，各占全球的68.2%和 60.1%，见表 6-2。在全球积极应对气候变化背景下，这些国家的农村地区经济社会发展大多处于上升期，小水电资源开发潜力和需求巨大，但受理念、资金、技术等因素限制，小水电的作用没有得到充分发挥。随着"一带一路"倡议的深入推进，中国小水电对外合作必将迎来新的机遇。

三、评价指标

　　根据国内小水电建设管理的经验，本章构建小水电可持续性评价指标体系的基本原则如下：

表 6-2　　　　　　　"一带一路"沿线各国家小水电开发潜力　　　　　单位：MW

区域	国　　家	潜在可开发装机容量	已开发装机容量
东亚 3 国	中国、蒙古、韩国	63565	39838
东南亚 11 国	马来西亚、印度尼西亚、缅甸、泰国、老挝、柬埔寨、越南、菲律宾、东帝汶、文莱、新加坡	13642	2339
南亚 8 国	印度、巴基斯坦、孟加拉国、阿富汗、斯里兰卡、尼泊尔、不丹、马尔代夫	17776.41	2957.15
中亚 5 国	哈萨克斯坦、乌兹别克斯坦、土库曼斯坦、吉尔吉斯斯坦、塔吉克斯坦	6112	221
独联体 7 国	俄罗斯、乌克兰、白俄罗斯、格鲁吉亚、阿塞拜疆、亚美尼亚、摩尔多瓦	2665	738
西亚北非 17 国	伊拉克、约旦、黎巴嫩、土耳其、叙利亚、伊朗、埃及、埃塞俄比亚、沙特阿拉伯、巴勒斯坦、摩洛哥、科威特、阿联酋、卡塔尔、阿曼、也门、巴林	8346	1228.5
中东欧 17 国	波兰、立陶宛、爱沙尼亚、拉脱维亚、捷克共和国、斯洛伐克、匈牙利、斯洛文尼亚、克罗地亚、波黑、塞尔维亚、阿尔巴尼亚、罗马尼亚、保加利亚、马其顿、黑山、奥地利	7533	2259
大洋洲 2 国	巴布亚新几内亚、新西兰	775	192
拉丁美洲 4 国	安提瓜和巴布达、巴拿马、玻利维亚、特立尼达和多巴哥	0	0
非洲南 2 国	马达加斯加、南非	329	81

注　1. 2015 年，"一带一路"沿线 76 个国家中，小水电已开发装机容量和潜在可开发装机容量数据缺失的国家包括：新加坡、文莱、马尔代夫、巴勒斯坦、也门、阿曼、阿联酋、卡塔尔、科威特、巴林、安提瓜和巴布达、摩洛哥、奥地利、巴拿马、玻利维亚、特立尼达和多巴哥。

　　2. "一带一路"沿线国家分类仅限本书研究使用，该分类源自新华丝路——"一带一路"国家级信息服务平台。若与新的分类标准有冲突，请以官方最新发布标准为准。

　　（1）可持续性：在保护流域生态环境的前提下，小水电的开发建设既可获取经济效益，又能够减少贫困，促进社会发展。在构建评价指标体系时，应兼顾保护与发展类指标，使其充分体现小水电的特点。

　　（2）系统性：应将整个评价指标体系视为一个整体，使各指标间相互联系，确保评价指标体系结构严谨，内容完备。

　　（3）务实性：应当依据小水电发展的内在规律，结合数据可得性，选取关键因子，设定合适的评价标准（庞明月等，2014）。

　　在遵循上述三个原则的基础上，基于对"一带一路"沿线国家的文献调研及数据搜集，结合小水电可持续发展的基本特征，本章从经济、政治、社会、生态环境和资源 5 个方面，构建"一带一路"沿线国家小水电可持续性评价指标体系，见表 6-3。

表 6-3   "一带一路"沿线国家小水电可持续性评价指标体系

一级指标	序号	二级指标	功效性	指 标 释 义
经济（A）	1	人均 GDP	正	一个国家核算期内（通常是一年）实现的国内生产总值与这个国家的常住人口的比值
	2	国家经济指数	正	根据一国自然资源进出口量、自然资源经济租金、东道国吸收 FDI 程度、汇率波动性、双边进出口总额等影响因素，按照一定的计算方法，得出的综合指标
	3	农业增加值占 GDP 的比例	正	一个国家林业、狩猎和渔业以及作物耕种和畜牧生产等农业增加值之和占国家 GDP 的比例
政治（B）	1	政局稳定性	正	一个国家政权更迭、民族矛盾等因素对政局稳定性的综合影响
	2	国家政治开放度	正	一个国家或地区政治对其他国家和地区开放的规模和水平
	3	国家清廉指数	正	通常以企业家、风险分析家、一般民众为调查对象，评价一个国家政府官员的廉洁程度和受贿状况
社会（C）	1	农村人口比例	负	一个国家农村人口占国家总人口的比例
	2	人均用电量	正	一个国家一年内人均消耗的用电量
	3	人文发展指数（HDI）	正	根据预期寿命、教育水准和生活质量三项基础变量，按照一定的计算方法，得出的综合指标
	4	农村用户通电率	正	一个国家农村获得电力供应的人口占总人口的比值
生态环境（D）	1	人均 CO_2 排放量	负	一个国家年度总碳排放量与总人口的比例
	2	GEF 生物多样性效益指数	正	根据国家代表性物种、其受威胁状况及栖息地种类的多样性所得出的国家相对生物多样性潜力的综合指标
	3	森林覆盖率	正	一个国家森林面积占土地总面积的比值
资源（E）	1	小水电水能利用率	正	一个国家已开发小水电装机容量占理论蕴藏小水电装机容量的比例
	2	人均可再生淡水资源量	正	在一个地区或流域内，某一时期人均占有的淡水资源量
	3	小水电装机容量比例	正	一个国家小水电装机容量占总装机容量的比例
	4	化石燃料能耗占比	负	一个国家化石燃料能耗占总能耗的比例

在此基础上，通过 AHP-模糊评价法建立"一带一路"沿线国家小水电可持续性评价模型。根据综合评价结果，从区域和国家两个层面，识别制约相关国家小水电可持续发展的主要影响因素，并提出政策建议。基于此，构建"一带一路"沿线国家小水电可持续性评价的逻辑框架，如图 6-1 所示。

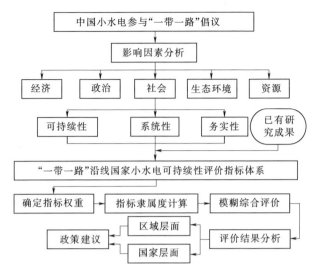

图 6-1 "一带一路"沿线国家小水电可持续性评价逻辑框架

四、数据来源

本章涉及"一带一路"沿线 76 个国家对应的 17 个指标，所需评价数据共计 1292 个。为确保基础数据的可靠性，数据源自世界银行、联合国开发计划署、国际小水电中心等的数据库、相关领域书籍及研究报告（刘恒等，2010；于立新等，2016；United Nations Industrial Development Organization，2017；任力波，2015；李伟等，2015；The Prs Group，1984；Transparency International，2018；西安财经学院，2017）。在数据采集过程中，限于其可获得性，共得到 2014 年东亚 2 国（中国、蒙古）、东南亚 8 国（马来西亚、印度尼西亚、缅甸、泰国、老挝、柬埔寨、菲律宾、越南）、南亚 6 国（印度、巴基斯坦、孟加拉国、阿富汗、斯里兰卡、尼泊尔）、中亚 5 国（哈萨克斯坦、乌兹别克斯坦、土库曼斯坦、吉尔吉斯斯坦、塔吉克斯坦）、独联体 7 国（俄罗斯、乌克兰、白俄罗斯、格鲁吉亚、阿塞拜疆、亚美尼亚、摩尔多瓦）、西亚 4 国（伊拉克、约旦、黎巴嫩、土耳其）及中东欧 14 国（波兰、立陶宛、爱沙尼亚、拉脱维亚、捷克共和国、斯洛伐克、匈牙利、斯洛文尼亚、克罗地亚、波黑、塞尔维亚、阿尔巴尼亚、罗马尼亚、保加利亚）共 46 个国家的基础数据。

五、小水电可持续性评价模型

（一）AHP 法概述

美国运筹学家 T. L. Saaty 于 20 世纪 70 年代提出 AHP 法，它是对方案涉及的多个指标进行系统分析的一种层次化、结构化决策方法，也是一种定性分析和定量分析相结合的系统分析方法（Klos S and Trebiina P，2014；Pires A A et al.，2011；Socaciu L et al.，2016）。它的提出为求解多目标、多准则或无结构特性的复杂决策问题提供了一种简便的途径，有着适用性、简洁性、有效性和系统性等特点，在社会、经济、管理、军事等领域得到广泛应用和发展（Bouzon M et al.，2016；Mangka S K et al.，2015；Socaciu L et al.，2016）。2001年，Satty又出版了 *Models，Methods，Concepts & Applications of the Analytic Hierarchy Process*，他在该书中对 AHP 法的模型、概念和应用方法进行了详细的阐述，进一步推广了该方法在各种领域中的运用。

（二）基于 AHP 法的小水电评价

基于小水电可持续性评价所涉及指标体系较为复杂的实际情况，可以选择在多指标、多层次的复杂评价过程中应用广泛的 AHP-模糊综合评价方法进行小水电可持续性评价。该方法在确定评价等级和指标权重的基础上，依据模糊数学的隶属度理论，通过多层级的复合运算将定性判断转化为定量评价，最终确定评价目标等级，主要步骤如下：

（1）建立评价指标。建立评价因素（指标）集 $U=(u_1，u_2，\cdots，u_n)$，u_i 分别代表经济、政治、社会、生态环境和资源 5 类评价指标的集合，n 表示指标的数目。

（2）构建评语集。建立（决策）评语集，$V=(V_1，V_2，V_3，V_4，V_5)$ 评价分级，v_j 分别代表 n 个评价指标相应于"高、较高、一般、较低、低"5 种状态的标准，见表 6-4。

表 6-4　　　　　　　　　　一级指标评价标准

评语集	低	较低	一般	较高	高
一级指标	$0 \leqslant FCI < 1$	$1 \leqslant FCI < 2$	$2 \leqslant FCI < 3$	$3 \leqslant FCI < 4$	$4 \leqslant FCI < 5$
二级指标	$a_0 - a_1$	$a_1 - a_2$	$a_2 - a_3$	$a_3 - a_4$	$a_4 - a_5$

注　FCI 为模糊综合评价得分，a_i 为各级状态的阈值。

（3）设定权重集。用层次分析法确定各指标及类别的权重，再对 n 个因素分配的权值建立权重集，即表示为权向量 $W=(w_1，w_2，\cdots，w_n)$，其中 w_i 为对第 i 个因素的加权值，见表 6-5。

表 6-5　　　　　　　　　　判断矩阵的标度方法

标度	含义
1	i、j 两因素同样重要
3	i 因素比 j 因素稍重要

续表

标度	含 义
5	i 因素比 j 因素明显重要
7	i 因素比 j 因素明显强烈重要
9	i 因素比 j 因素明显极端重要
2、4、6、8	为上述相邻标度的中间值
倒数（$1/w_{ij}$）	表示 j 因素与 i 因素比较的结果

（4）确定隶属度矩阵。根据各指标特征，拟定各具体指标的隶属函数，由

隶属函数计算出 5 类评价要素中各指标的模糊评价矩阵 $R = \begin{bmatrix} r_{11} & \cdots & r_{15} \\ \vdots & \ddots & \vdots \\ r_{n1} & \cdots & r_{n5} \end{bmatrix}$。

其中，r_{ij} 表示单因素 u_i 相对于 v_j 的隶属度。

将评价标准中的阈值作为拐点，建立各定量指标的线性隶属函数：

$$r_1(x_i) = \begin{cases} 1, x_i \leqslant a_0 \\ \dfrac{a_1 - x_i}{a_2 - a_1}, a_0 < x_i \leqslant a_1 \\ 0, x_i > a_1 \end{cases} \tag{6-1}$$

$$r_2(x_i) = \begin{cases} 1 - \dfrac{a_1 - x_i}{a_1 - a_0}, a_0 < x_i \leqslant a_1 \\ \dfrac{a_2 - x_i}{a_2 - a_1}, a_1 < x_i \leqslant a_2 \\ 0, x_i \leqslant a_0 \text{ 或 } x_i > a_2 \end{cases} \tag{6-2}$$

$$r_3(x_i) = \begin{cases} 1 - \dfrac{a_2 - x_i}{a_2 - a_1}, a_1 < x_i \leqslant a_2 \\ \dfrac{a_3 - x_i}{a_3 - a_2}, a_2 < x_i \leqslant a_3 \\ 0, x_i \leqslant a_1 \text{ 或 } x_i > a_3 \end{cases} \tag{6-3}$$

$$r_4(x_i) = \begin{cases} 1 - \dfrac{a_3 - x_i}{a_3 - a_2}, a_2 < x_i \leqslant a_3 \\ \dfrac{a_4 - x_i}{a_4 - a_3}, a_3 < x_i \leqslant a_4 \\ 0, x_i \leqslant a_2 \text{ 或 } x_i > a_4 \end{cases} \tag{6-4}$$

$$r_5(x_i) = \begin{cases} 0, x_i \leqslant a_3 \\ 1 - \dfrac{a_4 - x_i}{a_4 - a_3}, a_3 < x_i \leqslant a_4 \\ 1, x_i > a_4 \end{cases} \tag{6-5}$$

（5）模糊综合判断。考虑到评价因素和指标层级较多，所以需要从低一级向上一级逐层进行模糊判断，即先计算次一级指标 u_i 的隶属向量 $B_i = W_i R_i$；依次计算得到上一级指标集对应的隶属度矩阵 $R = (R_1, R_2, \cdots, R_n)^T$ 和隶属向量 B。

（6）采用模糊综合指数法确定各国小水电可持续性的综合评价结果：

$$FCI = B \cdot S = (b_1, b_2, \cdots, b_n) \begin{bmatrix} 1 \\ 2 \\ \vdots \\ 5 \end{bmatrix} \qquad (6-6)$$

式中：FCI 为模糊综合评价得分；B 为隶属度向量；S 为评价标准向量。

通过上述评价，不仅可得到各国小水电可持续性的综合评价结果，还能得到经济、政治、社会、生态环境和资源等 5 个方面的评价状态。此评价结果既可体现各国小水电可持续发展的总体水平，又能反映各方面的发展现状及差异。

第三节 评价结果分析

一、指标权重计算与评价结果

为确保指标权重的准确性与合理性，根据"一带一路"沿线国家小水电可持续性评价的需要，邀请来自高校、科研机构和政府的水利、水电、水资源、生态环境、技术经济等相关领域专家对小水电可持续性评价指标体系的比较矩阵打分（1-9 标度法）（表 6-5），各专家在独立思考的状态下打分，共得到 50 份专家判断矩阵，对打分结果进行加权平均，经过一致性检验，未通过一致性检验的指标退回打分人重新判断打分，使用修正后的打分结果，以获得指标体系的最终判断矩阵，通过一致性检验后，求得各级指标的权重，见表 6-6。基于各指标的特点及数据范围，除 A1、C3 两个指标外根据国际相关规定进行划分，其中 A1 是依据世界银行的人均国民总收入，对世界各国经济发展水平进行分组；其余均根据指标状态值等分为"低、较低、一般、较高、高"5 种状态的评价标准。

按照小水电二级指标可持续性评价标准，根据前文层次分析法计算得出的结果，得到权重集，并根据实际检验的结果，结合专家打分，对每个指标集相对评语等级的隶属度作出判断，推导各因子的判断矩阵；由隶属度矩阵和权重做进一步计算，可得"一带一路"沿线国家小水电可持续性评价的隶属度向量：

表 6 - 6　　　　　　　　　　　评价指标权重及各级评价标准

一级指标	权重	二级指标	权重	可持续性评价标准				
				低	较低	一般	较高	高
A	0.2	A1	0.644	0～975	975～3855	3855～7880	7880～11905	11905～23000
		A2	0.048	0～20	20～40	40～60	60～80	80～100
		A3	0.308	0～8	8～16	16～24	24～32	32～40
B	0.2	B1	0.597	0～2	2～4	4～6	6～8	8～10
		B2	0.055	0～0.2	0.2～0.4	0.4～0.6	0.6～0.8	0.8～1.0
		B3	0.348	10～22	22～34	34～46	46～58	58～70
C	0.2	C1	0.128	80～100	60～80	40～60	20～40	0～20
		C2	0.254	0～1390	1390～2750	2750～4110	4110～5470	5470～6900
		C3	0.065	0～0.3	0.3～0.55	0.55～0.7	0.7～0.8	0.8～1.0
		C4	0.553	0～20	20～40	40～60	60～80	80～100
D	0.2	D1	0.334	15.5～21.37	9.33～15.5	6.29～9.33	3.25～6.29	0～3.25
		D2	0.614	0～20	20～40	40～60	60～80	80～100
		D3	0.052	0～20	20～40	40～60	60～80	80～100
E	0.2	E1	0.494	0～20	20～40	40～60	60～80	80～100
		E2	0.041	1～500	500～1000	1000～2000	2000～3000	3000～30000
		E3	0.388	0～4	4～8	8～12	12～16	16～20
		E4	0.076	80～100	60～80	40～60	20～40	0～20

$$B = (b_1, b_2, \cdots, b_n) \tag{6-7}$$

由评语集和隶属度向量，可得"一带一路"沿线国家小水电可持续性综合评价得分，如图 6-2 所示。

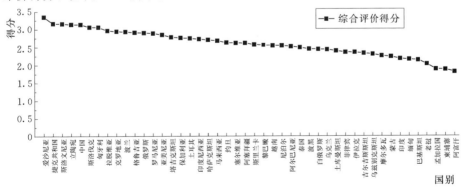

图 6-2　"一带一路"沿线国家小水电可持续性综合评价得分

二、评价结果分析

(一)区域总体情况分析

从区域层面的小水电可持续性评价结果来看,中东欧立陶宛、爱沙尼亚、捷克共和国、斯洛伐克、匈牙利、斯洛文尼亚等6个国家的综合评价得分相对较高(>3分)。这些国家所在区域的农村电气化主要通过以火电为主的主干电网延伸实现(朱效章,2008;周章贵等,2016),其农村用户通电率已达到100%,小水电开发潜力较小。

西亚4国、独联体7国、中东欧8国(波兰、拉脱维亚、克罗地亚、波黑、塞尔维亚、阿尔巴尼亚、罗马尼亚、保加利亚)、东南亚8国、东亚1国(蒙古)和南亚6国的综合评价得分相对较低(<3分)。其中,东南亚7国(马来西亚除外)、东亚1国和南亚6国的农村用户通电率分别为72.09%、69.9%和66.52%,农村电气化程度有待进一步提高;小水电水能利用率分别为12.20%、38.46%和14.19%,开发潜力巨大;这些国家处于工业化初期或中期的前阶段(李永全,2016),经济社会发展对小水电的需求强劲。东南亚1国(马来西亚)、独联体7国、中东欧8国农村用户通电率均达到100%,西亚4国农村用户通电率为99.08%,且这些国家均处于工业化后阶段,其小水电发展空间有限,见表6-7。综合以上分析,中国小水电参与"一带一路"倡议,重点区域为东南亚7国、东亚1国和南亚6国。

表6-7   "一带一路"沿线不同区域小水电可持续性评价结果

评价内容	东亚1国	东南亚8国	南亚6国	中亚5国	独联体7国	西亚4国	中东欧14国	平均得分
经济	2.07	1.67	1.53	2.08	2.32	2.83	2.81	2.09
政治	2.95	3.09	3.18	3.18	3.17	3.33	3.26	3.02
社会	3.02	3.43	2.75	3.90	4.20	4.08	4.33	3.57
生态环境	1.43	2.59	2.79	1.96	2.26	2.23	2.08	2.45
资源	1.69	1.94	1.40	1.40	2.13	1.23	2.11	1.73
综合	2.23	2.54	2.22	2.51	2.82	2.74	2.92	2.57

注   不同区域小水电可持续性评价结果,以有关国家小水电装机容量为权重,通过加权平均得到。

其中,与46国各项一级指标的平均得分相比,制约东南亚7国小水电可持续发展的主要一级指标是经济,其次是资源和生态环境;制约东亚1国小水电可持续发展的一级指标是生态环境,其次是资源和经济;制约南亚6国小水电可持续发展的主要一级指标是资源,其次是经济和社会。必须看到,这些制约指标具有复杂性和非线性特征,其未来发展趋势受到人类活动和自然力量的双重影响，具有不确定性和时空差异性。因此，对"一带一路"沿线不同区域的国家，必须分类施策，助力其提高小水电发展的可持续性。

此外，对"一带一路"沿线国家的经济、政治、社会、生态环境、资源和综合评价结果进行相关性分析，可知（图6-3）：综合评价与除生态环境评价之外的各一级评价指标之间均呈正相关，其相关性从高到低依次为：社会、经济、政治、资源。由此说明良好的社会经济基础对小水电的可持续发展至关重要。生态环境评价与综合评价及其余四个一级指标均呈负相关，表明：现阶段这些国家在经济发展及水能资源开发的过程中仍会不同程度地对当地生态环境造成破坏，小水电的发展尚未实现保护与开发相协调。

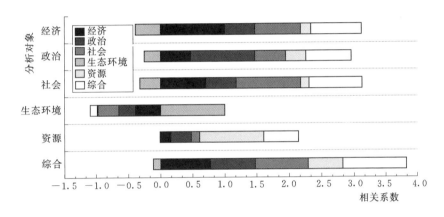

图6-3 相关性分析

（二）重点区域国别情况分析

为进一步分析制约重点区域国家小水电可持续发展的影响因素，对其各项二级指标的状态进行了分析，见表6-8。

从经济状况来看，有9个国家指标A2介于40～60，3个国家介于60～80，2个国家大于80。根据世界银行对经济发展水平的划分，除泰国属于中等收入国家外，其余国家均处于中等偏下或低收入国家行列，指标A1介于600～3500美元，经济发展水平偏低。有11个国家指标A3大于14%，其中柬埔寨高达28.6%，占比较大。因此，重点区域国家急需进一步夯实经济基础，逐步提高其工业化发展程度。

在政治状况中，状态为"较高（5个）"及"一般（8个）"的国家占比大于93%，得分介于1.86～3.64，其中阿富汗的得分小于2.0，政治状况为"较低"，其政局不稳、政治风险较大，成为制约小水电可持续发展的关键因素之一。

表 6 - 8　　　　"一带一路"沿线国家小水电可持续性二级指标状况

区域		二 级 指 标 状 况				
		A	B	C	D	E
东亚1国	蒙古	A1（一般）；A3（较低）	B3（一般）	C2（较低）	D1（低）；D2（低）；D3（低）	E1（较低）；E3（低）；E4（低）
东南亚7国	印度尼西亚	A1（较低）；A3（较低）	B1（一般）；B3（一般）	C1（一般）；C2（低）；C3（一般）	D3（一般）	E1（较低）；E3（低）；E4（较低）
	缅甸	A1（低）；A2（一般）	B3（较低）	C1（较低）；C2（低）；C3（较低）；C4（较低）	D2（低）；D3（一般）	E1（低）；E3（低）
	泰国	A1（一般）；A3（较低）	B3（一般）	C1（较低）；C2（较低）	D2（低）；D3（较低）	E1（低）；E3（低）；E4（较低）
	老挝	A1（较低）；A2（一般）；A3（一般）	B3（较低）	C1（较低）；C2（低）；C3（一般）；C4（一般）	D2（低）	E1（低）；E3（低）；E4（较低）
	柬埔寨	A1（较低）；A2（一般）	B3（低）	C1（低）；C2（低）；C3（一般）；C4（低）	D2（低）；D3（一般）	E1（低）；E3（低）
	菲律宾	A1（较低）；A2（一般）；A3（较低）	B3（一般）	C1（一般）；C2（低）；C3（一般）	D2（较低）；D3（较低）	E1（低）；E3（低）；E4（较低）
	越南	A1（较低）；A3（一般）	B3（较低）	C1（较低）；C2（低）；C3（一般）	D2（低）；D3（一般）	E1（较低）；E3（一般）；E4（较低）
南亚6国	印度	A1（较低）；A3（一般）	B1（一般）；B3（一般）	C1（较低）；C2（低）；C3（一般）	D2（较低）；D3（较低）	E1（低）；E2（一般）；E3（低）；E4（较低）
	巴基斯坦	A1（较低）；A2（一般）	B1（一般）；B3（较低）	C1（较低）；C2（低）；C3（较低）	D2（低）；D3（低）	E1（低）；E2（低）；E3（低）；E4（一般）

区域	二 级 指 标 状 况				
	A	B	C	D	E
南亚6国 孟加拉国	A1（低）； A2（一般）； A3（较低）	B3（较低）	C1（较低）； C2（低）； C3（一般）； C4（一般）	D2（低）； D3（低）	E1（低）； E2（较低）； E3（低）； E4（较低）
阿富汗	A1（低）； A2（一般）； A3（一般）	B1（一般）； B3（较低）	C1（较低）； C2（低）； C3（较低）； C4（较低）	D2（低）； D3（低）	E1（低）； E2（一般）； E3（一般）； E4（低）
斯里兰卡	A1（较低）； A2（一般）； A3（较低）	B3（一般）	C1（低）； C2（低）	D2（低）； D3（较低）	E1（较低）； E3（一般）； E4（一般）
尼泊尔	A1（低）； A2（一般）	B3（较低）	C1（低）； C2（低）； C3（较低）	D2（低）； D3（低）	E1（低）

就社会状况而言，缅甸、柬埔寨、阿富汗得分小于 2，社会可持续发展状况为"较低"，其余 11 个国家得分介于 2~3.77，社会可持续发展状况为"一般（4 个）"和"较高（7 个）"。其中，有 13 个国家指标 C1 大于 50%，显示这些国家还处于城市化初期阶段；有 13 个国家指标 C2 小于 2000kW·h，远小于大部分发达国家 5000kW·h 以上的人均用电量平均水平；有 5 个国家指标 C4 介于 69%~86%，5 个国家介于 31.2%~54.8%，通电率较低，说明农村经济仍以自然经济为主。上述统计数据表明，重点区域国家急需开发小水电，解决农村人口用电问题，提高当地民众生活质量。

就生态环境状况而言，除东亚 1 国为"较低"外，其余国家生态环境得分均介于 2.23~4.29，其中印度尼西亚生态环境状况为"高"，其余国家均为一般（12 个）。其中，有 13 个国家指标 D1 小于 2t，其状态为"高"，蒙古国 D1 为 14.5t，其状态为"低"。对指标 D2 而言，有 11 个国家指数小于 10，2 个国家介于 20~30，1 个国家大于 80，指标差异较大。有 5 个国家指标 D3 小于 20%，4 个国家介于 20%~40%，4 个国家介于 40%~60%，1 个国家大于 80%。总体来看，重点区域国家的生态环境状况呈现"总体较好、两极分化、差异显著"的状态。某些二级指标，如 D2 和 D3，不仅受人类活动影响，更与生态资源禀赋有关，而指标 D1 的状态则主要与人类发展模式有关。

就资源状况而言,除越南、斯里兰卡、尼泊尔得分大于2,资源状况为"一般"外,其余11个国家得分介于1.1~1.71,资源状况均为"较低"。其中,重点区域国家中有10个国家指标E1介于3%~20%,有11个国家E3介于0~9.76%,比例偏低。有9个国家指标E4介于61%~97%,占比偏高。由此表明:重点区域国家急需大力发展小水电,提高其小水电装机容量比例,改善能源结构,以推动当地经济社会的绿色转型发展。

总体来看,在重点区域的14个国家中,制约小水电可持续发展的主要一级指标是经济,其次是社会和资源。

(三)制约性指标分析

通过筛选重点区域国家经济、社会及资源三方面评价状态为"低"和"较低"的二级指标,对表6-7作进一步分析,得到评价等级为"低"和"较低"的二级指标所占比例(图6-4):在二级指标中,A1、C1、C2、E1、E3及E4对小水电可持续发展的制约作用最为显著。其中,C2、E1、E3等二级指标评价状态为"低"的所占比例超过70%,这些指标对小水电可持续性的制约程度更高。由此说明,当地社会对用电量的需求以及水能资源开发状况是小水电能否大力发展的关键因素。二级指标E1和E3之间具有连带效应,这两个指标应该为提高农村用户通电率和人均用电量服务,而不应单纯强调提高这两个指标。

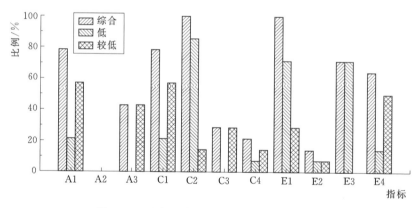

图6-4 重点区域各二级指标状态所占比例

第四节 政策建议与结论

一、政策建议

未来时期,根据"一带一路"沿线国家的小水电发展特点,为推进中国小水电积极参与"一带一路"倡议，提出如下政策建议：

（1）做好顶层设计。小水电大多位于偏远，也是相对贫困的地区，经济基础落后，依靠当地的资金扶持有一定的困难。因此，在小水电开发初期，国家给予一定的资金支持，建设示范性工程，可以带动生产生活的改变，从而为大规模开发奠定基础。我国先后提出的小水电"自建、自管、自用"方针，贯彻"以电养电""小水电要有自己的供电区"和小水电"优先调度""全额上网、同网同价"等一系列政策，以及鼓励私人投资和当地群众自主开发小水电，从而为小水电作为偏远地区供电的主要手段得到广泛接受和快速发展。

为推动"一带一路"沿线重点区域国家小水电可持续发展，同时加快中国小水电"走出去"步伐。建议有关部门编制《推动共建"一带一路"愿景与行动（小水电篇）》，明确共建原则、框架思路、合作重点、合作机制等内容，以此作为中国小水电走向重点区域的顶层设计。

（2）适应经济和社会发展。鉴于经济和社会是制约"一带一路"沿线国家小水电可持续发展的重要指标，为推动目标国小水电的可持续发展，建议如下：

1）寻求新的小水电发展模式，如"边际产业＋小水电"相结合的模式，将目标国农村水电开发与农村基础设施建设相结合，不仅可以促进当地经济社会发展，又可化解国内产能过剩危机（张丛林等，2015）。

2）加大对国外水电项目的前期投入，协助目标国对其中小河流进行整体规划，加强项目前期规划、可行性研究等工作，获得国外小水电开发的"主动权"。

3）争取亚洲基础设施投资银行、金砖国家新开发银行等新兴金融机构将小水电列为其贷款优先资助项目，为目标国小水电的发展提供融资支持与投资保险。

（3）加强生态环境保护。无论是通过小水电代替薪柴作为农村的基本能源，减少对森林和草场的依赖，还是替代化石能源以减少对气候的不利影响，小水电在保护生态环境方面都具有积极的作用。最典型的案例是通过政府扶持开发小水电，就近低价供给农民，解决农民的生活燃料问题，使农民不再上山砍柴，保护山区植被。

鉴于目前"一带一路"沿线国家小水电发展仍然存在破坏生态环境的情况，应积极推广中国绿色小水电的发展理念，加快相关小水电标准、政策文件的翻译工作，建立一套与国际接轨的标准体系框架，并向国际社会宣传、推广，促进小水电开发与生态环境保护相协调。同时，进一步加强国际小水电中心和亚太小水电研究培训中心的桥梁作用，加强对外人才与技术的培训交流工作。在勘察、规划、审查、建设、运行全过程中贯彻绿色理念，确保小水电在保障生物多样性、降低碳排放、提高森林覆盖率等方面做出贡献。

（4）建立评价指标体系。由国际小水电中心组织国内外专家抓紧制定小水电可持续性评价指标体系，作为联合国可持续发展目标（SDGs）的重要组成部分，逐步向各国推广。在此基础上，建立世界小水电可持续性信息平台，整合有关国家小水电可持续性评价的相关数据，提高数据可得性和评价的准确性、时效性。

我国应在丰富和完善自己的小水电技术标准的同时，将开展小水电标准国际化工作及时提上日程。同时，还要不断宣传小水电的优势与效益。第一，需要进一步推进标准的翻译和国际推广工作，水利部农村电气化研究所等单位已经组织了若干小水电建设系列技术标准的中译英工作。第二，需要强调与其他国际标准"接轨"。由于国情不同，接轨并不意味着技术标准的一致性，而是借鉴国际先进技术标准，推广我国规范、标准的生命在于更新，小水电受制于当前技术经济发展水平和生态环保意识，满足当时的环保要求未必能满足新时期对生态功能的需求，因此需要及时对比先进标准，不断改进更新，形成更适合当地、体现先进水平、应用更广的国际化标准。

（5）建立风险防范机制。中国政府及企业在推动小水电"走出去"时，可结合表 6-8 所提出的"一带一路"重点区域国家小水电可持续性二级指标状态，制定相应的风险防范措施。

政治风险，即指由于东道国或投资所在国国内政治环境或东道国与其他国家之间政治关系发生改变而给外国企业或投资者带来经济损失的可能性，如东道国出现国内动乱、政变或战争等。化解政治风险的对策主要有三点：①多渠道搜寻东道国的能源投资背景信息，深入了解东道国的政治环境；②尽可能选择与我国外交关系好、政局稳定、投资体制好、对能源投资持欢迎态度的国家进行投资；③尊重当地生活习惯、融入当地社会、引领当地经济发展。

境外投资是一系列复杂的法律行为的组合，我国小水电跨国投资时必须了解和遵循当地法律。当投资、财税、环保、人员就业等政策发生变化时，必将影响境外投资的顺利进行，甚至导致整个投资行为的失败。防范法律风险的对策是：一要详细研究东道国的法律法规和监管体系；二要力争获得目标国对自身投资行为的法律支持和授权；三要寻求投资银行家、咨询管理顾问、精通目标国法律的律师等专业中介的支持及法律服务。

汇率风险是指一个经营实体或个人所拥有的以外币计价的资产或负债，因外汇汇率波动而遭受损失或获得收益的可能性。外汇价格的波动会严重影响我国企业境外投资项目的成本，对其成败影响很大。防范汇率风险的对策是：一要利用国际金融机构的信息了解所在国的汇率情况，准确预测外汇变动的趋势，选择可以节省费用的方式和时机进行支付；二要争取中国企业在投资谈判中更多的话语权和主动权，争取用人民币作为境外投资的结算货币，以及建立价值评估、人员整合等其他风险防范机制。

二、结论

本章在国内外已有研究成果的基础上，构建"一带一路"沿线国家小水电可持续性评价指标体系，包括经济、政治、社会、生态环境和资源 5 个方面共17 个指标。建立 AHP-模糊综合评价模型，进行定量分析，筛选出了未来中国小水电优先参与的重点区域以及需要关注的具有制约性的经济、社会和资源等一级指标及部分二级指标，提出了推动小水电可持续发展的政策建议。主要结论如下：

（1）从经济、政治、社会、生态环境及资源等视角对指标体系进行量化分析，提供了一种计算方法，对"一带一路"沿线多个国家小水电可持续性进行评价。该研究在为中国与相关国家开展小水电合作提供技术支撑的同时，也为促进全球小水电的可持续发展提供了借鉴。

（2）从区域层面来看，未来一段时间，中国小水电参与"一带一路"倡议的重点区域为东南亚 7 国、南亚 6 国和东亚 1 国。

（3）从国别情况及各二级指标状态分析来看，制约重点区域内有关国家小水电可持续发展的主要一级指标是经济，其次是社会和资源。在此基础上，对"低"和"较低"的二级指标状态进行了筛选，分析制约小水电可持续发展的关键二级指标是 A1、C1、C2、E1、E3 及 E4。其中，C2、E1、E3 是重中之重。

（4）从小水电可持续发展的顶层设计、新的发展模式、投融资以及绿色发展理念、评价指标体系、风险防范等方面提出具有针对性的政策建议。

总体来看，本章可为我国小水电行业积极参与"一带一路"倡议提供宏观参考。但在指标体系和模型构建方面仍存在进一步完善的空间。一是在指标体系方面，如经济领域中，各国对小水电的投融资支持、小水电上网电价、开发成本等指标对于衡量小水电开发的经济效益比具有较大科学价值，但限于数据可得性，尚未纳入此次研究。随着未来"一带一路"沿线国家水电合作的深入推进，希望获取更多具有代表性评价指标的原始数据。二是本章涉及"一带一路"沿线 76 个国家，限于相关数据获取困难，本章仅就 46 个国家进行相关分析计算。下一阶段，若数据可得性提高，可将更多国家纳入研究范围，将有可能发现更多中国小水电参与"一带一路"倡议的重点国家。三是本章所采用的层次分析法，权重设定以专家打分为样本，结果带有一定的主观性，在实际使用过程中应根据"一带一路"沿线国家相应地区发展现状进行必要的检验与修正。

第七章

结 论 与 展 望

一、小水电发展历程

随着中国经济社会的不断发展，社会需求结构逐渐发生变化，这势必会对小水电的发展需求产生深刻影响。总体来看，从近代以来，到新中国成立，再到改革开放，最后到如今新中国成立 70 周年，在这段漫长的历史长河中，伴随经济的发展和小水电建设的不断推进，中国小水电的发展需求经历了从无到有，从生存性需求主导向注重经济与生态环境并存的转变，未来还将进一步向舒适性需求阶段转变。从小水电的发展变迁来看，其具体演变过程可分为以下五个阶段：

第一阶段（1949 年以前）：从无到有，小水电艰难起步。新中国成立以前，我国小水电一直处于一种萌芽阶段，总体呈现"电站数量很少、装机容量极低、施工较为简易"的特点，大部分小水电设施依靠国外进口，国内尚未掌握小水电的核心技术，发展水平与同时期欧美国家相比处于相对原始状态，发展速度极其缓慢。在这样的背景下，当时政府急需引进相关的人才和技术，迈出发展自身小水电"从无到有"的第一步。

第二阶段（1949—1979 年）：生存性需求（防洪、抗旱、供水）为主，发展需求也快速增长。这一时期中国经济建设百废待兴，处于普遍贫困的极低收入水平。水旱灾害频繁，解决大江大河严重洪水灾害威胁，控制水旱灾害，是保证经济建设和人民生命财产安全的首要而紧迫的任务。同时伴随着现代经济增长和人口增加，生产和生活用水需求不断增长，能源需求的增长也促使国家加速发展小水电，如开展小水电培训班，积极试办小水电站，以及出台各项优惠政策以调动群众的办电积极性，这些举措使得我国小水电取得了长足的进步，同时还实现了诸多"第一次"的跨越，但受资金、技术、体制等的制约，小水电还未发挥出其全部潜力。

第三阶段（1980—1999 年）：发展需求居主要地位，但对生态环境也有一定的需求。改革开放后，国家工作重心逐步转移至经济建设上来，电力基础设施薄弱及供需紧张的问题越来越突出。为调动各方积极性、加快电力事业发展，国家鼓励和帮助地方政府与农民自力更生兴建小水电，小水电取得了长足发展，为解决农村用电问题、初步实现农村电气化和提高农民的生活水平做出了巨大贡献，我国小水电也正式步入了农村电气化时代。1998 年水电装机容量和发电量分别达到 6506.5 万 kW 和 2080 亿 kW·h，20 年间新增装机容量 4778.5 万 kW，年均增加装机容量 239 万 kW。但伴随改革以来的经济发展，水环境却持续恶化，至 90 年代后半期集中爆发。西北、华北和中部广大地区都出现了因水资源短缺造成水生态失衡的情况，使得中国在较低的收入水平的情况下，产生了生态修复和环境治理的需求（童建栋，2002）。

第四阶段（2000—2010 年）：经济发展需求仍快速增长，但生态环境需求逐步凸显。步入 21 世纪后，随着我国工业经济的快速发展，对能源的需求急速增长，但当时的电力供应还不够完善，这使得全国各地出现了大大小小的用电荒。大力发展小水电，完善能源结构供应就成了一条解决问题的好路子（王林锁等，2001）。1999 年中国政府适时提出西部大开发战略，为中国西部水电发展提供了新契机。在这之后，以贯彻落实党的"十五大""十六大""十七大"精神和党中央、国务院关于加强"三农"工作的一系列文件为标志，小水电及农村电气化事业的改革发展进入新阶段，社会民间各界资本的注入也使小水电增添了更多新鲜血液。在这十年中，我国水电年均增长率高达 7%，新增装机容量 1.1 亿 kW，年均增加装机容量 1100 万 kW。截至 2010 年，我国水电装机容量达到 2 亿 kW，成为世界上第一个突破 2 亿 kW 的国家。但在取得这些辉煌成绩的背后，生态安全问题却日益严峻，小水电的生态环境需求快速增长，如何既保障经济持续发展，又不影响生态环境的安全，成为了发展小水电道路上的一大难题（童建栋，2010）。

第五阶段（2010 年以后）：生态环境需求居主导地位。随着能源技术的空前发展，国民经济的飞速发展，我国在保障能源安全，打造科技强国的基础上，对小水电的发展提出了新的需求。引导小水电在优化电力结构和促进农村经济社会发展中发挥更大的作用，同时实现从以往追求经济效益为主逐步转变为兼顾生态环境效益的绿色转型。国家统筹推进绿色水电建设，小水电在促进流域综合治理、增强水资源调控能力、改善灌溉条件、改善农村基础设施和扶贫攻坚等方面发挥了积极作用，越来越多的小水电将水能开发与生态环境保护、防洪、灌溉、湿地建设、旅游开发等紧密结合，小水电由追求以扩大水能资源开发量促进经济发展，逐步转向更多考虑社会发展和生态环境保护，由片面追求量的发展逐渐转向综合协调发展。

二、中国特色小水电发展特征

展望未来，从中国国情及小水电发展的实践来看，具有中国特色的小水电发展有以下四个方面的特征：

（1）国家主导。中国作为一个文明古国，被西方学者称作"水利文明"和"治水社会"的发源地。水利在当代中国的重要性并没有下降，其内容更为多元、问题更趋严峻、任务更加艰巨。中国小水电的发展在国情条件下必须加强国家宏观调控，强化各级政府的主导作用，以及财政资金和多方资金的投入。虽然中国的水利发展需要各种社会主体的参与，可以大量引入市场手段，能够利用多元投融资机制，但是必须依靠"全国一盘棋"和"集中力量办大事"的体制优势，从根本上坚持国家主导。这是非常具有中国特色的模式，也是由中国的国情和水情特点所决定的。

（2）自律式发展。资源高消耗、污染高排放、生活高消费，构成了以美国为代表的传统的西方工业化国家现代化模式的基本特征。中国是一个有巨大人口数量的国家，如果按照传统的西方现代化模式，不仅中国自身的资源环境不允许，全世界的资源条件和环境容量也不足以支撑。据测算，如果中国人均资源消耗量达到美国现有的水平，还需要消耗相当于 4 个地球的资源环境，即使人均资源消耗量达到日本现有的水平，也还需要另外 2 个地球的资源环境。显然西方的现代化模式不适用于中国，因为世界上没有可供使用的足够资源。这就决定了中国必须走一条高度自律式的发展道路，要在人均资源消耗量只有美国 1/4 和日本 1/2 的条件下实现现代化（王亚华等，2012；王亚华，2013）。目前中国已经开始全面建立最严格的水资源制度，"三条红线"的引入实际上就是自律式发展在水利发展中的具体体现。

（3）在发展中逐步创新。在世界历史上还没有一个大国能够真正以非西方现代化的模式实现现代化。在已经实现现代化的国家中，日本以其先进的技术和科学的管理为支撑，对资源的利用是相对集约和高效的。中国目前的经济发展模式粗放，资源能源利用效率偏低，人均 GDP 大约是世界平均水平的 70%，但是人均能源消耗大约是世界平均水平的 110%。当中国实现经济现代化之时，包括水资源和能源等人均资源消耗量只有日本的一半左右，这意味着中国未来的水资源等主要资源利用效率必须超过日本。同时，中国还需要以最大的力度推进水生态环境的保护和修复。因而中国不仅需要大力引进世界先进的技术和管理经验，更需要大力推进自主研发和自主创新，包括观念创新、技术创新、制度创新和管理创新等全方位的创新。中国必须激发亿万人民的聪明才智，走高度创新的发展道路，才能有效克服资源环境的约束，拓展中华民族的生存和发展空间，实现现代化的百年梦想。

（4）生态环境优先。中国的生态环境先天脆弱，历经千余年的人为破坏，不断趋于恶化，这一趋势在过去的半个世纪之中尤为明显。中国目前是以历史上最脆弱的生态环境，支撑着人类历史上最大规模的人口和经济的发展。生态环境将会成为未来中国经济社会现代化发展的最大制约。中国最难以实现的不是经济现代化，而是绿色现代化，中国经济社会现代化的高级追求是实现真正的绿色现代化。中国要实现人与自然和谐，就必须坚持生态环境优先，把生态环境友好的理念贯彻到水利工作的各个方面。水利部门提出的"维系河湖生命健康"等新思想，蕴含了具有中国特色的现代治水理念。在水利现代化建设中，要始终坚持生态环境优先的原则不动摇，以人水和谐的理念来引导小水电的开发与建设（王亚华等，2011；张丛林等，2015）。

三、新时期国家对小水电发展的新需求

（一）经济发展对小水电提出新的需求

近年来，随着中国经济发展步入新常态，经济结构不断转型升级。与过去30多年经济发展相比，中国经济显现出增速减缓、经济结构转型、经济增长动力转化等新特征，中国经济持续保持中高速增长，且具有迈向中高端经济水平的潜力。在此背景下，2014年6月，习近平总书记主持召开了中央财经领导小组第六次会议，在会上首次提出包含能源消费、能源供给、能源技术和能源体制等四个方面在内的"能源革命"，旨在推动中国能源结构转型，建立清洁低碳、安全高效的现代能源体系，保障国家能源安全，确保经济社会发展、能源消费和生态环境三者实现稳定平衡和良性互动。小水电作为国际公认的清洁可再生能源，未来需要紧跟国家能源改革的步伐，突破传统思维的禁锢，重新审视小水电行业的发展与转型需求。

能源是中国经济建设的基础和动力，它的供应及安全关系到中国现代化建设全局。经过长期发展，中国已成为世界上最大的能源生产国和消费国，形成了煤炭、电力、石油、天然气、新能源、可再生能源等全面发展的能源供给体系，技术装备水平明显提高，生产生活等用能条件显著改善。但是从能源需求的总体结构上看，目前中国能源结构还不够完善，依然过度依赖煤炭等不可再生的化石能源（党岳，2015）。随着中国能源发展进入新常态，在未来非化石能源占比将明显提升，预计到2020年，中国的非化石能源占一次能源消费比重将达到15％，2030年将达到20％，2035年将首次超过化石能源的占比，打破对化石能源绝对依赖的局面，使得能源消费结构向低碳化和清洁化转型（郝宇等，2016）。小水电作为一种重要的清洁可再生能源，其发电量占中国清洁可再生能源发电量的比重达95％以上，在推动中国清洁可再生能源发展方面发挥了基础性作用。同时包括小水电行业在内的新能源产业、节能环保产业都具有技术先进、清洁生产等特征，将为中国经济的持续增长提供强劲动力。在这种背景下，小水电的发展不再仅仅注重"量"的扩张，而更应该注重"质"的提升，注重小水电向更加综合、可持续、绿色的方向发展。

自 2013 年习近平总书记提出共建"丝绸之路经济带"和"21 世纪海上丝绸之路"重大倡议以来,"一带一路"倡议得到了许多沿线国家的积极响应,相关工作部署随即迅速推进。随着第一批项目陆续在中巴等几大经济走廊落地,能源合作成为重要的战略抓手,为中国能源企业走出去参与国际能源投资和建设,带动相关装备、技术与服务贸易"走出去"带来新的契机(周章贵等,2016)。

小水电作为技术成熟、清洁的可再生能源被国家文件列为首要的能源合作领域。同时小水电作为以分布式为主的电源类型,能有效避开大水电生态移民等环境问题,成为优化能源结构、降低碳排放的重要途径,地位更加凸显。因此,中国小水电需牢牢抓住历史机遇,搭上"一带一路"的发展顺风车,顺势走向世界舞台,同时也可向其他国家传播中国特色小水电文化形式,为更多国家的能源开发与环境保护做出应有的贡献。

(二)社会发展对小水电提出新的需求

党的十九大最新提出了发展为民、生态环保、打赢脱贫攻坚战、实施乡村振兴战略等重要思想,同时也清晰擘画了全面建成社会主义现代化强国的时间表、路线图,即在 2020 年全面建成小康社会,在实现第一个百年奋斗目标的基础上,再奋斗 15 年,在 2035 年基本实现社会主义现代化。从 2035 年到本世纪中叶,在基本实现现代化的基础上,再奋斗 15 年,把中国建成富强民主文明和谐美丽的社会主义现代化强国。

发展小水电,切实推进水电建设中的移民和精准扶贫项目,不仅有助于实现小康社会,还与"将群众利益放在首位,坚持以人民为中心"的发展思想不谋而合。未来小水电在开发的进程当中,将更加注重地区移民的搬迁安置、后续发展等帮扶工作,完成山区人民脱贫攻坚的任务。同时还将与实行乡村振兴战略紧密联系在一起,积极探索如何更好地将小水电应用到乡村振兴战略当中,保障移民和农村贫困群体的长远发展。发展小水电取得经济效益,进一步支持和引导地方政府发展移民安置区建设等特色产业,以产业扶持的方式筑牢人民安稳致富、贫困户脱贫致富的发展根基,真正实现小水电回馈社会、造福一方的社会目标。同时小水电站自身的顺利建设和运营,也有助于打造共建共治共享的社会治理格局与库区的和谐稳定(姚英平,2018)。

(三)生态保护对小水电提出新的需求

2019 年全国两会期间,习近平总书记在参加内蒙古代表团审议时,首次提出生态文明建设"四个一":在"五位一体"总体布局中生态文明建设是其中一位;在新时代坚持和发展中国特色社会主义基本方略中坚持人与自然和谐共生是其中一条基本方略;在新发展理念中绿色是其中一大理念;在三大攻坚战中污染防治是其中一大攻坚战(周宏春,2019)。由此可见中国生态文明建设的重要性，需加快推进生态文明顶层设计和制度体系建设。近几年来，国家相继出台了《关于加快推进生态文明建设的意见》《生态文明体制改革总体方案》等重大指导文件，制定了40多项涉及生态文明建设的改革方案，"四梁八柱"性质的制度体系逐步形成（中共中央、国务院，2015；中共中央、国务院，2015）。

国家"十三五"规划中提出要全面推进创新发展、协调发展、绿色发展等新发展理念，其中绿色发展指的是转变发展路径，以尊重自然、顺应自然、保护自然的生态文明理念，形成人与自然和谐发展的现代化建设新格局，推进美丽中国建设，实现"两个一百年"奋斗目标和中华民族的永续发展（何建坤，2017）。在此背景下，小水电未来的发展就更需顺应时代要求，进行绿色转型，充分发挥自身清洁可再生的优势。如小水电可通过实施河流生态修复和电站增效扩容改造，实现优化电站布局，完善河流水量生态调度和电力梯级联合调度，保障河道生态流量，修复河流生态，实现在生态和谐的大前提下发展小水电。同时地方政府也需做好因地制宜，分类施策，实现小水电针对性、系统性、长效性发展，创新绿色水电发展机制，健全水电市场化多元化生态补偿机制，筑牢小水电生态安全屏障，使发展绿色水电真正做到富民惠民。

（四）文化发展对小水电提出新的需求

中国发展水电历史悠长，早在新中国成立以前就有了小水电的萌芽。1910年，由云南民间资本集资兴建的石龙坝水电站开工建设，正式开创了中国人自行施工建设水电站的历史。石龙坝水电站初始装机容量480kW，电站建设按国际招投标程序进行，工程设计方面聘请了两名德国工程技术人员进行设计和工程指导；施工方面，机电设备由德国福伊特和西门子公司制造，拦水坝、引水渠、发电厂房等水工建筑物由中国人自行施工，整个工程由云南省一些爱国的民族资本家及积极分子进行建设和运行。

石龙坝水电站的正式建成开启了中国水电事业艰难而辉煌的征程。新中国成立后，小水电发展紧跟国家改革开放的步伐，实现了国家诸多的技术突破与领先。党中央提出：水利不仅是农业的命脉，更是社会发展和国民经济的基础设施，要放在优先发展的位置上；同时强调"水是人类生存的生命线，也是农业和整个经济建设的生命线"，要求把解决水的问题"作为我国跨世纪发展目标的一项重大战略措施来抓"。水利部还提出了由工程水利向资源水利转变，由传统水利向现代水利和可持续发展水利转变的思路；要在总结经验的基础上，发扬优良传统，进一步提高水利管理水平，培养具有更高思想境界和创新精神、掌握现代先进科学技术的高水平人才，以不断提高水利工程的经济效益、社会效益和生态效益，形成具有中国特色的水文化。

人类的生存、繁衍，离不开水。水利、水利工程与水文化之间的关系密不可分。从古至今，在各项水利工程建设和各种水利事业中都必然要创造与其相适应的水文化。而各个时代和各个时期的水文化，又反过来促进人类对自然生态水环境的重新认识，并把这种观念、思想、行为、价值观等反映于水利工程建设和所从事的水利事业工作中，形成新型的对应这种水文化时代或时期的水利工程和水利事业。因此，水利工程、水利事业与水文化之间的相互关系是一种持续演替发展的辩证耦合统一。

进入 21 世纪以来，水利部多次印发了相关文件，不断强调水利精神文明建设与水文化建设工作的重要性。2018 年 4 月，水利部印发《2018 年水利精神文明建设与水文化建设工作安排》，文件强调认真学习宣传贯彻习近平新时代中国特色社会主义思想和党的十九大精神，持续推进包括水利诚信体系在内的社会主义核心价值观建设，各地区需大力推动水文化的繁荣发展，如加强对水文化建设的协调指导、加强水文化传播以及丰富水文化产品。

小水电作为水文化中的重要组成部分，特别是在发展绿色小水电上，坚持生态引领、坚持改革创新、坚持融合发展，以水为媒，点绿成金，可以极大地实现水生态产品价值的转换。同时在发展小水电的同时，坚守生态底线，科学规划水电产业，不仅能保护绿水青山，还能使各地获得金山银山。例如，利用水电站所在区域的风景资源和水电工程自身资源，开展水利风景区创建工作，推动地区旅游业的发展；通过水电产权（股权）改革，明晰企业产权和股权，用于开展资产抵押融资，盘活水电现有资产，鼓励支持水电骨干企业通过 IPO模式上市融资，组建水电（水务）建设投资集团，提高地区水电综合实力和规模化效应，拓宽水电建设投融资渠道。

四、中国小水电未来的转型发展方向

党的十八大以来，我国加快推进生态文明顶层设计和制度体系建设，相继出台《关于加快推进生态文明建设的意见》《生态文明体制改革总体方案》，制定了 40 多项涉及生态文明建设的改革方案，"四梁八柱"性质的制度体系逐步形成（中共中央、国务院，2015；中共中央、国务院，2015）。我国"十三五"规划中也提出要全面推进创新发展、协调发展、绿色发展等新发展理念，其中绿色发展指的是转变发展路径，以尊重自然、顺应自然、保护自然的生态文明理念，形成人与自然和谐发展的现代化建设新格局，推进美丽中国建设，实现"两个一百年"奋斗目标和中华民族的永续发展。

2014 年，习近平总书记提出了"能源革命"，旨在推动我国能源结构转型，建立清洁低碳、安全高效的现代能源体系，保障国家能源安全，确保经济社会发展、能源消费和生态环境三者实现稳定平衡和良性互动。这也为未来小水电的转型发展指明了方向，即小水电需实现生态绿色转型。未来小水电将继续实施农村水电增效扩容改造，搭配河流生态修复工作以实现优化电站布局的目标。同时完善河流水量生态调度和电力梯级联合调度，保障河道生态流量充足，稳步增加可再生能源供应，消除安全隐患，提高防洪灌溉供水能力，确保在实现生态和谐的大前提下发展小水电。

党的十九大提出发展为民、生态环保、打赢脱贫攻坚战、实施乡村振兴战略等重要思想。自 2018 年以来，以习近平新时代中国特色社会主义思想为指导，小水电的发展开始与乡村振兴战略紧密结合起来，在农村移民安置、精准扶贫、保障移民和贫困群体的长远发展方面小水电将占据重要位置。

五、加快小水电未来转型发展的建议

未来，我国小水电需继续巩固取得的现有成就，同时还需推陈出新，在不同方面加快转型步伐。在此提出以下建议：

（1）对小水电进行综合评价，分析其时空演变规律，进行分类布局。现阶段，国内对各个地区的小水电发展进行综合评价时，大部分还只是从装机容量、发电量等资源方面进行定量评判，或者从生态环境影响方面对小水电进行定性评价，尚未形成一套对小水电进行科学合理、可量化的综合评判方法。因此，建议未来从经济、社会、生态环境、资源等多方面对各个地区小水电发展的综合水平进行量化评价，使小水电综合发展水平形成一个较为客观和整体的认知，能明确不同地区小水电发展的长板和短板。同时还可以分析小水电在关键时间节点的发展态势，凝练小水电综合发展水平的时空演变规律，发现其发展过程中存在的主要问题，为今后时期小水电实现可持续发展提供借鉴，也便于各级政府分类施策，对症下药，高效地解决遇到的发展难题。

（2）加快创建绿色小水电站，加速小水电转型步伐。随着国家愈发强调建设生态文明的重要性，中国小水电也逐步走上了以"创新、协调、绿色、开放、共享"为理念，以生态优先、科学发展、分类处置、完善政策、创新机制等为基本原则的绿色发展的道路。加快绿色水电站的创建，不仅能有效缓解小水电与保护生态环境之间的矛盾，还能加速小水电绿色高效转型的步伐。但国内某些省份，受限于资源、环境等条件限制，在建设绿色水电站的道路上遭遇了许多瓶颈。因此，未来建议政府继续加大相关扶持力度，并对达标的绿色电站进行公示，鼓励更多的现有水电站转型为绿色电站。

目前，从总体来看，绿色小水电的创建工作正在各个地区稳步推进，按照《水利部关于开展绿色小水电站创建工作的通知》的相关要求，到 2020 年，单站装机容量 10MW 以上、国家重点生态功能区范围内 1MW 以上、中央财政资金支持过的水电站均要创建为绿色小水电站。这体现出了国家推动小水电转型的决心（刘恒，2013）。

（3）继续积极推进小水电安全生产标准化的建设。小水电安全生产标准化是水利安全生产标准化中的重要内容，是小水电经营单位安全生产工作满足国家安全生产法律法规、标准规范要求，落实主体责任的重要途径，也是小水电经营单位安全管理的自身需求。小水电经营单位在标准化建设过程中，重在建设和自评阶段。通过建立健全各项安全生产制度、规程、标准等，在实际生产过程中贯彻执行，并经过自我检查、自我纠正和自我完善的过程来实现自主建设工作。

进行小水电安全生产标准化，一是可以扭转社会上对农村水电站"小、脏、乱、差"的不利印象，符合新时代"人民对美好生活的向往"的新需求；二是确实能提升农村水电站的安全生产管理水平、消除安全隐患；三是能有效减少行业管理成本（赵建达等，2007；程夏蕾等，2007）。随着我国小水电事业的快速发展，有关安全生产标准化规范的制定与实施途径也需要随着不同时期的演变进行不断地修正和完善，真正有效地提高电站安全生产管理的水平。

（4）加强小水电科技支撑法制。经过百余年的发展，中国小水电站的数量和装机容量均已居世界首位且遥遥领先。但在科技发展方面仍面临着一系列的问题，其对小水电的科技支撑作用急需进一步的提高。如：①"绿色水电"概念在规范中已有体现，需要依托科技深入应用到项目建设实施过程当中；②在设备制造方面，国内设备厂商的机组生产设计成本过高，核心竞争力不足；③现有科技难以将小水电站的宏观经济效益、社会效益和生态环境效益具体量化……为解决以上这些问题，需要小水电未来在管理研究和应用研究两方面取得突破和创新，如加强小水电跨学科研究、加大各高校和科研机构对小水电的科研投入、提高电站机组运行的安全可靠性等，从而真正实现小水电科技的发展与应用，支撑小水电领域全方位水平的提高（乔海娟等，2017）。

（5）积极响应"一带一路"倡议，使中国小水电走向世界舞台。自2013年习近平总书记提出共建"丝绸之路经济带"和"21世纪海上丝绸之路"重大倡议以来，"一带一路"倡议得到了许多沿线国家的积极响应，相关工作部署随即迅速推进。随着第一批项目陆续在中巴等几大经济走廊落地，能源合作成为重要的战略抓手，为中国能源企业走出去参与国际能源投资和建设，带动相关装备、技术与服务贸易"走出去"带来新的契机（周章贵等，2016）。

小水电作为技术成熟、清洁的可再生能源被国家文件列为首要的能源合作领域。同时小水电作为以分布式为主的电源类型，能有效避开大水电生态移民等环境问题，成为优化能源结构、降低碳排放的重要途径，地位更加凸显。因此，中国小水电需牢牢抓住历史机遇，搭上"一带一路"的发展顺风车，顺势走向世界舞台，为更多国家的能源开发与环境保护做出应有的贡献。

参 考 文 献

财政部，水利部，2011. 农村水电增效扩容改造财政补助资金管理暂行办法：财建〔2011〕504 号［EB/OL］.［2011 - 07 - 14］. http：//www. waizi. org. cn/law/12108. html.

曹丽军，2008. 中国小水电投融资政策思考［M］. 北京：中国水利水电出版社.

陈创新，2012. 民营资本投资小水电的风险剖析［J］. 中国水能及电气化（7）：24 - 28.

陈雷，2009. 打好水利建设攻坚战 开创水利发展与改革新局面——在全国水利工作会议上的报告［EB/OL］.［2009 - 01 - 06］. http//www. renrendoc. com/p - 19163372. html.

陈雷，2011. 认真贯彻落实中央一号文件精神 全力推进"十二五"农村水电新发展——在全国农村水电暨"十二五"水电新农村电气化县建设工作会议上的讲话［EB/OL］.［2011 - 05 - 07］. http：//news. china. com. cn/rollnews/2011 - 05/07/content _ 7694313. html.

陈启军，郑晓庆，2015. 农村水电站标准化建设的思考［J］. 中国水利（8）：58 - 59.

陈盛玉，2007. 水电站生产运营承包管理经验探讨［C］//福建省水力发电工程学会. 福建省科学技术协会第七届学术年会分会场——提高水力发电技术 促进海西经济建设研讨会论文集：157 - 160.

陈绍清，2008. 浅析小水电企业信贷融资的困境［J］. 小水电，144（6）：31 - 33.

程回洲，2001. 中国小水电及农村电气化［J］. 小水电（5）：1 - 6.

程夏蕾，朱效章，吕建平，2007. 我国小水电技术水平与国际差异［J］. 小水电，134（2）：18 - 21.

程夏蕾，朱效章，2007. 我国小水电技术发展路线的探讨［J］. 小水电，133（1）：18 - 21.

程夏蕾，朱效章，2009. 中国小水电可持续发展研究［J］. 中国农村水利水电（4）：166 - 169.

程夏蕾，朱效章，2012. 小水电领域战略性新兴产业培育与发展［J］. 小水电（5）：1 - 5.

党岳，2015. 经济新常态下我国能源结构的研究［J］. 应用能源技术（12）：1 - 3.

董大富，2003. 水库信息化系统建设模式的探索［C］//中国水利学会. 中国水利学会 2003 学术年会论文集：618 - 622.

董大富，赵建达，程夏蕾，等，2011. 建立国际小水电标准的思考与建议［J］. 中国水利（2）：23 - 26.

杜强，谭红武，张士杰，等，2011. 生态流量保障与小机组泄放方式的现状及问题［J］. 中国水能及电气化（12）：1 - 6.

方玉建，张金凤，袁寿其，2014. 欧盟 27 国小水电的发展对我国的战略思考［J］. 灌排机械工程学报，32（7）：588 - 605.

房珂蕙，2016. 石家庄市农村水电安全生产浅析［J］. 小水电（2）：30 - 31.

福建省人民政府办公厅，2016. 福建省"十三五"能源发展专项规划［EB/OL］. http：//www. fujian. gov. cn/zc/zfxxgkl/gkml/jgzz/hjnyzcwj/201610/t20161020 _ 1186301. html.

福建省物价局，等，2018. 福建省水电站生态电价管理办法（试行）［A］. 小水电（1）：6 -

7，20.

福建省水利厅，2016. 关于做好 2016 年小水电站退出项目管理工作的通知［EB/OL］. ht-
　　tp：//slt. fujian. gov. cn/xxgk/zfxxgk/xxgkml/qtyzdgkdzfxx/201606/t20160621 ＿ 3519635.
　　html.

贵州日报，2015. 小水电重大利好：将有"智能保姆"［EB/OL］.［2015 － 09 － 28］. http：//
　　www. chouweihui cn/index. php？ctl＝article＆id＝89.

国际小水电中心，2015. 绿色水电建设应从建设期抓起［EB/OL］.［2015 － 12 － 03］. http：//
　　mp. weixin. qq. com/s？＿biz＝MzA4Nzg3NjkzNQ＝＝＆mid＝404009314＆idx＝1＆sn＝
　　d0563b865 b94c36b66387726d4e4e9b＆3rd＝MzA3MDU4NTYzMw＝＝＆scene＝6♯rd.

国际小水电中心，2015. 习近平主席为"中巴小型水电技术国家联合研究中心"揭牌［EB/
　　OL］.［2015 － 04 － 21］. http：//www. icshp. org/dispArticle. Asp？ID＝1233.

国家安全生产监督管理总局，2010. 企业安全生产标准化基本规范：AQ/T 9006—2010
　　［S］. 北京：中国质检出版社.

国家发展改革委，2016. 关于推进"互联网＋"智慧能源发展的指导意见［EB/OL］.
　　［2016 － 02 － 29］. http：//kjfw. cec. org. cn/dianlixinxihua/2016 － 02 － 29/149627. html.

国家发展改革委，2016. 国家发展改革委印发关于支持贫困地区农林水利基础设施建设推
　　进脱贫攻坚的指导意见［EB/OL］.［2016 － 03 － 11］. http：//www. sdpc. gov. cn/zcfb/
　　zcfbtz/201603/t20160315 ＿ 792744. html.

国务院，2014. 关于支持福建省深入实施生态省战略加快生态文明先行示范区建设的若干
　　意见［A］. 福建质量管理（5）：6 － 10.

郝宇，张宗勇，廖华，2016. 中国能源"新常态"："十三五"及 2030 年能源经济展望［J］.
　　北京理工大学学报（社会科学版），18（2）：1 － 7.

何建坤，2017. 经济新常态下的低碳转型［J］. 环境经济研究，2（1）：1 － 6.

贾立敏，曾露，田志超，等，2010. DPSIR 模型下小水电可持续发展评价指标体系研究
　　［J］. 中国农村水利水电（10）：113 － 115.

江波，秦茂国，2014. 基于熵值法的小水电投资风险评价［J］. 人民长江，45（24）：
　　14 － 16.

江超，盛金保，王昭升，等，2010. 小水电水工建筑物风险评价方法研究［J］. 中国农村水
　　利水电（6）：167 － 172.

李明生，2006. 绿色水电与低影响水电认证标准［M］. 北京：科学出版社.

李娜，2015. 河北省绿色小水电试点评价工作实践［J］. 小水电（1）：44 － 46.

李伟，等，2015. "一带一路"沿线国家安全风险评估［M］. 北京：中国发展出版社.

李炜，2006. 水力计算手册［M］. 2 版. 北京：中国水利水电出版社.

李永全，2016. "一带一路"建设发展报告（2016）［M］. 北京：社会科学文献出版社.

李志武，赵建达，2007. 中国民营资本与小水电［M］. 南京：河海大学出版社.

丽水市水利局，丽水市环保局，2018. 关于发布《丽水市农村水电站生态流量分类核定与
　　监测指导意见》的通知〔2018〕83 号.［2018 － 12 － 11］. http：//slj. lishui. gov. cn/
　　xwdt/slyw/201901/t20190129 ＿ 3596805. shtml.

刘德有，欧传奇，叶敏敏，2015. 我国绿色小水电评价标准的编制情况［J］. 中国水能及电
　　气化（9）：7 － 12.

刘恒，董国锋，张润润，2010. 构建中国特色绿色水电评价和认证体系［J］. 中国水

利（22）：46-51.

刘恒，2013. 中国小水电发展状况及其主要经验 [C] //国际清洁能源论坛（澳门）秘书处. 国际清洁能源论坛（澳门）研究报告（2013）：143-153.

刘文，2007. 农村小水电企业电力体制改革初探 [J]. 中国水能及电气化（9）：23-26.

刘志明，温续余，2011. 水工设计手册：第7卷 [M]. 2版. 北京：中国水利水电出版社.

麻泽龙，程根伟，2006. 河流梯级开发对生态环境影响的研究进展 [J]. 水科学进展，17（5）：748-753.

马静，刘宇，2015. 基于可计算一般均衡模型的大型水电项目经济影响评价初探 [J]. 水力发电学报，34（5）：166-171.

庞明月，张力小，王长波，2015. 基于能值分析的我国小水电生态影响研究 [J]. 生态学报，35（8）：2741-2749.

庞明月，张力小，王长波，2014. 基于生态能量视角的我国小水电可持续性分析 [J]. 生态学报，34（3）：537-545.

乔海娟，周卫明，张丛林，2017. 中国小水电科技发展趋势研究 [J]. 中国农村水利水电（2）：126-129，134.

任力波，2015. 对外投资新空间"一带一路"国别投资价值排行榜 [M]. 北京：社会科学文献出版社.

商务部，2015. 推动共建丝绸之路经济带和21世纪海上丝绸之路的愿景与行动 [EB/OL]. [2015-04-01]. http：//www. mo～om. gov. cn/article/msume/n/2015O4/2015 0o929655. shtml.

舒静，金华频，董大富，等，2015. 农村水电站安全生产标准化评审实践与建议 [J]. 小水电（5）：5-7，17.

水殿轩，2015. 客观看待小水电对生态环境的影响 [N]. 中国水利报，[2015-10-01]（008版）.

水利部，财政部，2016. 财政部、水利部关于继续实施农村水电增效扩容改造的通知（财建〔2016〕27号）[EB/OL]. [2016-02-17]. http：//shp. mwr. gov. cn/ggl/gztz/201602/t20160218_734146. html.

水利部，2005. "十一五"及2020年全国水电农村电气化规划 [R].

水利部，2015. 2014年农村水电年报 [EB/OL]. [2015-10-15]. http：//www. mwr. gov. cn/zwzc/hygb/nssdnb/.

水利部，2017. 绿色小水电评价标准：SL 752—2017 [S]. 北京：中国水利水电出版社.

水利部，2010. 水利部关于推进绿色小水电发展的指导意见 [EB/OL]. [2010-11-01]. http：//shp. mwr. gov. cn/snzygl/201612/t20161223_776760. html.

水利部，2019. 水利部关于印发农村水电站安全生产标准化评审标准的通知 [EB/OL]. [2019-01-21]. http：//www. mwr. gov. cn/zwgk/zfxxgkml/201902/t20190228_1109061. html.

水利部，2011. 水利行业深入开展安全生产标准化建设实施方案 [EB/OL]. [2011-07-06]. http：//www. mwr. gov. cn/zwgk/zfxxgkml/201212/t20121217_964165. html.

水利部农村电气化研究所，2013. 小水电现状 [EB/OL]. [2013-12-17]. http：//www. hrcshp. org/aboutshp/aboutshp. asp? docId＝05.

水利部农村水电及电气化发展局，2009. 中国小水电60年 [M]. 北京：中国水利水电出版社.

水利部小水电及电气化发展局，2017. 全国小水电统计年报 2016 ［M］. 北京：中国统计出版社.

四川省发改委，环保厅，水利厅，农业厅，林业厅，省能源局，2017. 四川省自然保护区小水电问题整改工作方案［EB/OL］. http：//www. mee. gov. cn/xxgk/gzdt/201708/t20170828_420471. shtml.

孙宪春，万力，蒋小伟，2008. 节理产状分组的 k 均值聚类分析及其分组结果的费歇尔分布验证法［J］. 岩土力学，29：533 – 537.

童建栋，2010. 实现新时期小水电的和谐发展［J］. 农村电气化（6）：56 – 57.

童建栋，2002. 世界瞩目的中国小水电［J］. 中国电力企业管理（10）：18 – 22.

童建栋，2006. 中国小水电［M］. 北京：中国水利水电出版社.

王慧，章恒全，2014. 基于熵权—离差最大化法的小水电投资风险评价［J］. 水电能源科学，32（8）：138 – 141.

王林锁，索丽生，刘德有，2001. 抽水蓄能电站过渡过程特性及调节控制研究综述［J］. 水利水电科技进展（6）：5 – 10，69.

王露，Thi V V，马智杰，2016. 绿色小水电综合评价研究［J］. 中国水利水电科学研究院学报，14（4）：291 – 296.

王姝，师红霞，黄川友，等，2013. 二台子水电站下泄生态流量计算与工程措施探讨［J］. 水利科技与经济，19（4）：78 – 80.

王兴振，杨子生，2012. 中国小水电可持续评价指标体系初探［M］. 北京：社会科学文献出版社：75 – 83.

王亚华，胡鞍钢，2011. 中国国情与水利现代化构想［J］. 中国水利（6）：132 – 135.

王亚华，黄译萱，2012. 中国水利现代化进程的评价和展望［J］. 中国人口·资源与环境，22（6）：120 – 127.

王亚华，2013. 中国水利发展阶段研究［M］. 北京：清华大学出版社.

西安财经学院，2017. "一带一路"沿线 64 个国家竞争力指数、开放度排行榜［DB/CD］.（2017 – 05 – 24）［2019 – 09 – 01］.

轩玮，2015. "标准化"助力农村水电"绿色崛起"［J］. 中国水利（24）：160 – 163.

姚英平，2018. 以十九大精神引领水电开发移民扶贫工作［J］. 当代电力文化（8）：68 – 69.

叶碎高，2006. 民间资本投资小水电的风险分析［J］. 小水电，129（3）：10 – 12.

于立新，王寿群，陶永新，2016. 国家战略"一带一路"政策与投资——沿线若干国家案例分析［M］. 杭州：浙江大学出版社.

禹雪中，冯时，贾宝真，2012. 绿色小水电评价的作用、内容及标准分析［J］. 中国水能及电气化（7）：1 – 7.

翟利伟，2014. 我国小水电开发中存在的常见问题与应对措施［J］. 中国科技信息（19）：44 – 45.

张丛林，乔海娟，王毅，等，2015. 发达国家水利现代化历程及其对中国的启示［J］. 中国农村水利水电（2）：47 – 50.

张丛林，乔海娟，周卫明，2015. 中国小水电走向亚太地区的发展模式［J］. 农村电气化（8）：51 – 53.

张林洪，张洪波，丁磊，2013. 水电开发对怒江州人地关系的影响评价［J］. 水力发电学报，32（4）：234-239.

张巍，胡长硕，2015. "互联网＋"的农村水电智慧管理方向探讨［J］. 小水电，185（5）：68-69.

张昕，周慧婷，贺向丽，等，2009. 微水电项目可行性评价指标体系研究［J］. 水力发电学报，28（6）：171-175.

张益，2006. 小水电如何才能实现安全管理——韶关安全管理走向制度化［N］. 中国水利报，［2006-09-29］（008版）.

张宇，于渤，2007. AHP决策模型在怒江流域水电能源开发评价中的应用研究［J］. 中国管理科学，15（4）：124-129.

赵建达，程夏蕾，朱效章，2006. 农村水电开发中的生态和环境问题及其对策［J］. 中国水利（10）：32-33.

赵建达，程夏蕾，朱效章，2007. 小水电开发中的环保和生态问题及其对策［J］. 中国农村水利水电（2）：85-89.

赵建达，朱效章，2005. 民营资本参与水电项目的国际概况［N］. 中国水利报.

赵建达，朱效章，2005. 中国民企投资小水电的特色［N］. 中国水利报.

赵建达，程夏蕾，朱效章，2007. 小水电开发中的环保和生态问题及其对策［J］. 中国农村水利水电（2）：85-89.

赵建达，2008. 借鉴印度经验创新小水电技术［J］. 中国农村水利水电（1）：117-119.

赵建达，2006. 蓝色能源绿色欧洲——欧盟小水电发展战略研究［M］. 南京：河海大学出版社.

中共中央，国务院，2015. 关于加快推进生态文明建设的意见［M］. 北京：人民出版社.

中共中央，国务院，2015. 生态文明体制改革总体方案［M］. 北京：人民出版社.

中国国家统计局，1991-2016. 中国统计年鉴1991—2016［M］. 北京：中国统计出版社.

中国国家统计局农村社会经济调查司，1991-2016. 中国农村统计年鉴1991—2016［M］. 北京：中国统计出版社.

中华人民共和国国家质量监督检验检疫总局，中国国家标准化管理委员会，2016. 企业安全生产标准化基本规范：GB/T 33000—2016［S］. 北京：中国质检出版社.

中华人民共和国审计署，2018. 长江经济带生态环境保护审计结果［EB/OL］. http：//www. audit. gov. cn/n9/n1580/n1583/c123511/content. html.

中华人民共和国水利部，2010. 河湖生态需水评估导则：SL/Z 479—2010［S］. 北京：中国水利水电出版社.

中华人民共和国水利部，2011. 农村水电站技术管理规程：SL 529—2011［S］. 北京：中国水利水电出版社.

中华人民共和国水利部，2011. 水利水电建设项目水资源论证导则：SL 525—2011［S］. 北京：中国水利水电出版社.

中华人民共和国水利部，2014. 河湖生态环境需水计算规范：SL/Z 712—2014［S］. 北京：中国水利水电出版社.

中华人民共和国水利部，2017. 水利部关于推进绿色小水电发展的指导意见［J］. 小水电（1）：1-2.

中华人民共和国住房和城乡建设部，中华人民共和国国家质量监督检验检疫总局，2013. 大中型水电工程建设风险管理规范：GB/T 50927—2013［S］. 北京：中国计划出版社.

周丽娜，徐锦才，关键，等，2011. 农村小水电安全运行中存在的问题分析 [J]. 中国农村水利水电 (1)：150 - 152.

周迎春，2009. 浅谈水管体制改革后的农村小水电安全生产监管 [J]. 小水电 (6)：8 - 10.

周章贵，等，2016. "一带一路"能源合作：小水电的机遇与挑战 [J]. 小水电 (1)：1 - 5.

朱效章，林凝，2004. 激励政策对小水电发展的重要意义——中国与其他国家小水电政策方面的比较 [J]. 小水电 (5)：3 - 9.

朱效章，潘大庆，2004. 国际小水电资源、开发概况及与我国的比较 [J]. 小水电 (6)：74 - 76.

朱效章，等，2004. 亚太地区小水电——现状与问题 [M]. 南京：河海大学出版社.

朱效章，2005. 再论国外小水电发展情况与发展道路及与我国的异同 [J]. 小水电 (1)：5 - 9.

朱效章，2008. 国外农村电气化的经济分析与实施途径 [J]. 小水电 (2)：1 - 6.

《中国水利百科全书》编辑委员会，2006. 中国水利百科全书 [M]. 北京：中国水利水电出版社.

Afreen S，James L W，2012. An empirical analysis of the hydropower portfolio in Pakistan [J]. Renewable Energy (50)：228 - 241.

Ameesh K S，Thakur N S，2017. Assessing the impact of small hydropower projects in Jammu and Kashmir：A study from north - western Himalayan region of India [J]. Renewable and Sustainable Energy Reviews，80：679 - 693.

Bouzon M，Govindan K，Rodriguez C M T，et al，2016. Identification and analysis of reverse logistics barriers using fuzzy Delphi method and AHP [J]. Resources，Conservation and Recycling，108：182 - 197.

Bratrich C，Truffer B，Jorde K，et al，2004. Green hydropower：A new assessment procedure for river management [J]. River Research and Applications，20 (7)：865 - 882.

Butera I，Balestra R，2015. Estimation of the hydropower potential of irrigation networks [J]. Renewable and Sustainable Energy Reviews，48 (8)：140 - 151.

Cavazzini G，Santolin A，Pavesi G，et al，2016. Accurate estimation model for small and micro hydropower plants costs in hybrid energy systems modelling [J]. Energy，13 (5)：746 - 757.

China Ministry of Water Resources，2017. SL 752—2017 Standard for evaluation of green small hydropower stations [S]. Beijing：China Ministry of Water Resources.

Choong S Y，Jin H L，2010. Site location analysis for small hydropower using geo - spatial information system [J]. Renewable Energy，(35)：852 - 861.

Deepak K，Katoch S S，2015. Small hydropower development in western Himalayas：Strategy for faster implementation [J]. Renewable Energy (77)：571 - 578.

Ding Y F，Tang D S，Wang T，2011. Benefit evaluation on energy saving and emission reduction of national small hydropower ecological protection project [J]. Energy Procedia (5)：540 - 544.

Fuller R B，1975. Synergetics [M]. German：SpringerVerlagTelos.

Gagnon L，Belanger C，Uchiyama Y，2002. Life - cycle assessment of electricity generation options：The status of research in year 2001 [J]. Energy Policy (30)：1267 - 1278.

Henriëtte I J，Rebecca A E，Jeff J O，2015. Spatial design principles for sustainable hydro-power development in river basin [J]. Renewable and Sustainable Energy Reviews (45)：808 - 816.

Hira S S，Ashok K A，Niranjan K，2015. Analysis and evaluation of small hydropower plants：A bibliographical survey [J]. Renewable and Sustainable Energy Reviews (51)：1013 - 1022.

Hwang，C L，Yoon，K S，1981. Multiple attribute decision making [M]. Berlin：Spring - Verlag.

IHA，2010. Hydropowersustainabilityassessmentprotocol [EB/OL]. http：//www. hydro-sustainability. org/Protocol/The - Protocol - Documents. aspx，2010 - 11 - 01.

Jacson H I F，José R C，Juliana A M，et al，2016. Assessment of the potential of small hy-dropower development in Brazil [J]. Renewable and Sustainable Energy Reviews，56 (11)：380 - 387.

Jerry H，James H S，Motohiro Y，2005. Asymptotic properties of the HahnHausman test for weak - instruments [J]. Economics Letters (89)：333 - 342.

Jiang S Y，Zeng H P，Cao M X，et al，2015. Effects of hydropower construction on spatial - temporal change of landuse and landscape pattern. A case study of Jing hong，Yunnan，China [C] //International Conference on Advances in Energy and Environmental Science，Zhuhai.

Klos S，Trebiina P，2014. Using the AHP method to select an ERP system for an SME man-ufacturing company [J]. Management and Production Engineering Review，5 (3)：14 - 22.

Low Impact Hydropower Institution，2004. Low Impact Hydropower Certification Program：Certification Package [R].

Luc Gagnon，Camille Belanger，Yohji Uchiyama，2002. Life - cycle assessment of electricity generation options：The status of research in year 2001 [J]. Energy Policy (30)：1267 - 1278.

Luka S，Rok V，Gašper S，et al，2015. Assessing feasibility of operations and maintenance automation - A case of small hydropower plants [J]. Procedia Cirp，37 (1788)：164 - 169.

Mangka S K，Kunnar P，Barua M K，2015. Risk analysis in green supply chain using fuzzy AHP approach：A case study [J]. Resources，Conservation and Recycling，104：375 - 390.

Mingyue Pang，Lixiao Zhang，AbuBakr S，et al，2018. Small hydropower development in Tibet：Insights from a survey in Nagqu Prefecture [J]. Renewable and Sustainable Energy Reviews (81)：3032 - 3040.

Murat K，Adem B，Ergun U，et al，2014. Assessment of hydropower and multi - dam power projects inTurkey [J]. Renewable Energy (68)：118 - 133.

Nitin T，2007. Clean development mechanism and off - grid small - scale hydropower projects：Evaluation of additionality [J]. Energy Policy (35)：714 - 721.

Olayinka S O，Sunday J O，Oluseyi O A，2011. Small hydropower (SHP) development in Nigeria：An assessment [J]. Renewable and Sustainable Energy Reviews (15)：2006 - 2013.

Pannathat R，Taweep C，Thawilwadee B，2009. Application of geographical information system to site selection of small run – of – river hydropower project by considering engineering economic environmental criteria and social impact [J]. Renewable and Sustainable Energy Reviews (13)：2336 – 2348.

Philip H B，Desiree T，2009. Modeling the costs and benefits of dam construction from a multidisciplinary perspective [J]. Journal of Environmental Management (90)：S303 – S311.

Piresa A，Chang N B，Martinho G，2011. An AHP – based fuzzy interval TOPSIS assessment for sustainable expansion of the solid waste management system in Setúbal Peninsula，Portugal [J]. Resources，Conservation and Recycling，56 (1)：7 – 21.

Robert L F，2002. Bayesian Inference and Maximum Entropy Methods in Science and Engineering [J]. USA：American Institute of Physics.

Sachdev H S，Akella A K，Kumar N，2015. Analysis and evaluation of small hydropower plants：a bibliographical survey [J]. Renewable and Sustainable Energy Reviews，51 (11)：1013 – 1022.

Serhat K，Kemal B，2009. Assessment of small hydropower (SHP) development in Turkey：Laws regulations and EU policy perspective [J]. Energy Policy (37)：3872 – 3879.

Serhat K，2014. Environmental risk assessment of small hydropower (SHP) plants：A case study for Tefen SHP plant on Filyos River [J]. Energy for Sustainability Development，19 (1)：102 – 110.

Singal S K，Saini R P，Raghuvanshi C S，2010. Analysis for cost estimation of low head run – of – river small hydropower schemes [J]. Energy for Sustainable Development，14 (2)：117 – 126.

Socaciu L，Giurgiu O，Banyai D，et al，2016. PCM selection using AHP method to maintain thermal comfort of the vehicle occupants [J]. Energy Procedia，85：489 – 497.

Stephen M M，Mukti P U，2002. Total factor productivity and the convergence hypothesis [J]. Journal of Macroeconomics (24)：267 – 286.

Surekha D，Sinhab A K，Inamdar S S，2006. Assessment of small hydropower potential using remote sensing data for sustainable development in India [J]. Energy Policy (34)：3195 – 3205.

Tanwar N，2007. Clean development mechanism and off – grid small – scale hydropower projects：Evaluation of additionality [J]. Energy Policy，35 (1)：714 – 721.

The Prs Group，2012. Political Risk Services Group international Country Risk Guide：1984 – 2012 [EB/OL]. http：//epub. prsgroup. com/products/political – risk – services/political – risk – letter.

Transparency International，2018. Corruption perceptions index published by Transparency International 2012 – 2016 [EB/OL]. (2017 – 02 – 02) [2018 – 05 – 28]. http：//www. transparency. org/.

UNESCO，2012. Managing Water under Uncertainty and Risk—The United Nations World Water Development Report4 [EB/OL]. [2012 – 04 – 30]. http：//www. unesco. org/ new/en/natural – sciences/ environment/water/wwap/wwdr/wwdr4 – 2012/♯c219661.

United Nations Industrial Development Organization，2017. World small hydropower development report 2016 [EB/OL]. http：//www. smallhydropower. org，2017 – 11 – 01.

Varun, Prakash R, Bhat I K, et al, 2012. Life cycle greenhouse gas emissions estimation for small hydropower schemes in India [J]. Energy, 44 (1): 498 – 508.

William P A, 2012. Economic Geography [M]. London and New York: Routledge.

Wu N L, 1997. The Maximum Entropy Method (Springer Series in Information Sciences) [M]. German: Springer Verlag Telos.

Wu Y, Wang Y, Chena K, et al, 2017. Social sustainability assessment of small hydropower with hesitant PROMETHEE method [J]. Sustainable Cities and Society (35): 522 – 537.

Zhao X G, Liu L, Liu X M, et al, 2012. A critical analysis on the development of China hydropower [J]. Renewable Energy (44): 1 – 6.

后 记

开展"中国小水电可持续发展理论与实务研究"是一项极富挑战性而同时又令人充满激情的工作。本书从筹划到写作完成将近两年时间，经过了整体框架研究与制订、文献资料挖掘与分析、章节分工起草与撰写、同行专家审阅与修改、书稿汇总编排与统稿、咨询专家评议与审阅、整体综合修改与完善等阶段，持续不断的咨询、研讨和修改工作贯穿全过程。

全体编研同仁以参与这一研究工作为荣，也深知这一研究面临的诸多困难与挑战，大家分工协作、深耕细耘、反复研讨、数易其稿，倾注了很多心血，付出了巨大努力，个中甘苦，如鱼饮水冷暖自知。但毋庸讳言，我们的研究工作才刚刚起步，本书不当之处，敬请广大读者指正，期待今后继续修改完善。

值本书付梓之际，谨向所有参加研究与编撰工作的同仁，以及对研究与编撰工作给予热情关心和指导的各位领导专家，表示衷心感谢，并致以崇高敬意！

编者

2019 年 12 月